U0183853

大数据共享与交易

——区块链数据服务方法

文 斌　王泽旭　刘少杰◎编著

科 学 出 版 社

内 容 简 介

本书分为理论篇、方法篇、应用篇，共 10 章。理论篇（第 1～3 章）介绍大数据共享与交易、数据服务的基本概念、区块链数据服务方法等；方法篇（第 4～8 章）重点阐述区块链服务的数据交易能力和密码学保障的安全能力的相关方法，包括高时效数据交易、运行时交易监管实现、区块链安全与隐私保护等；应用篇（第 9、10 章）介绍在服务集成应用中快速设计数据共享与交易业务场景的方法，探索基于联盟链进行数据共享与交易应用开发的实践方案。

本书取材新颖、内容丰富、重点突出、深入浅出，便于教学与自学。本书可供高等学校计算机类各专业高年级本科生、研究生，以及专注于大数据、区块链技术与软件服务新技术的从业人员、研究人员使用和参考。

图书在版编目（CIP）数据

大数据共享与交易：区块链数据服务方法 / 文斌，王泽旭，刘少杰编著. —北京：科学出版社，2023.2

ISBN 978-7-03-074153-0

Ⅰ. ①大… Ⅱ. ①文… ②王… ③刘… Ⅲ. ①区块链技术 Ⅳ. ①TP311.135.9

中国版本图书馆 CIP 数据核字（2022）第 236635 号

责任编辑：赵丽欣 / 责任校对：赵丽杰

责任印制：吕春珉 / 封面设计：东方人华平面设计部

科学出版社 出版

北京东黄城根北街 16 号

邮政编码：100717

http://www.sciencep.com

北京中科印刷有限公司 印刷

科学出版社发行 各地新华书店经销

*

2023 年 2 月第 一 版 开本：787×1092 1/16

2023 年 10 月第二次印刷 印张：10 1/2

字数：250 000

定价：105.00 元

（如有印装质量问题，我社负责调换〈中科〉）

销售部电话 010-62136230 编辑部电话 010-62134021

前　言

沟通成就一切，互动创造价值。大数据规模越来越大，迫切需要数据之间互联互通互交易，实现资源共享、数据增值的目标。大数据共享和交易的开放平台及相关技术，是连接数据孤岛、促进数据流通以挖掘大数据的经济价值和释放各类数据应用潜力的关键。区块链实现由内容互联网到价值互联网的变革，有潜力成为下一代互联网形态。区块链服务是帮助用户创建、管理和维护区块链功能实现的云服务平台。

目前，学术界和产业界都高度重视利用区块链的数据交易能力和密码学保障的安全能力拓展大数据服务的共享和交易功能。但通过软件服务的方法实现数据共享与交易一直还没有系统的研究成果。本书作者团队在国家和海南省科研项目支持下，运用主流的软件服务思想，提出了区块链数据即服务（blockchain-data as a service，BDaaS）方法，给出了大数据共享与交易的应用解决方案——高可用 BDaaS 体系结构。该方案的主要贡献是数据隐私保护下高时效数据交易服务和运行时数据交易监管的方法和技术。同时联系实际，进行应用实践，部分研究成果用于实际应用。

本书分为理论篇、方法篇、应用篇三大部分。理论篇首先引入区块链数据服务的基础理论、方法，包括大数据共享与交易、数据服务的基本概念、区块链数据服务方法等；方法篇重点阐述区块链服务的数据交易能力和密码学保障的安全能力的相关方法，由此构建区块链服务支持资源共享高可用体系结构，包括高时效数据交易、运行时交易监管实现、区块链安全与隐私保护等；应用篇在掌握上述理论与方法的基础上，研究如何在服务集成应用中快速设计数据共享与交易业务场景的解决方法，探索基于联盟链进行数据共享与交易应用开发的实践方案。

本书理论联系实际，既有前沿理论方法的探索分析，又有落地应用案例。本书受众面广，针对区块链和云计算相结合的应用研究在国内科研、教学和应用领域需求旺盛，需要掌握其技术的学生、技术人员众多；同时面向服务、基于区块链的软件系统开发应用已经成为业界共识，拥有大量从业人员；面向服务软件工程、服务计算、区块链技术等已经成为高等学校计算机类专业的课程内容，同样需要相关教学参考资料。

本书是在国家自然科学基金（编号 61562024）和 2020 年海南省自然科学基金高层次人才项目（编号 620RC605）以及两个海南省研究生创新课题（Qhys2021-306、Hys2020-332）资助下的系统研究成果，并得到海南师范大学网络空间安全一级学科建设项目资助。

全书内容由文斌、王泽旭和刘少杰主持撰写。本书编写分工如下：曾昭武编写第 1 章，文斌编写第 2 章、第 5 章、第 6 章、第 8 章，文斌和刘少杰编写第 4 章，周伟编写第 3 章，王泽旭编写第 7 章，文斌、王泽旭、刘少杰编写第 9 章和第 10 章，文斌对全书进行通读和最后修订。

本书在编写过程中参考了大量文献资料和互联网资源，在此向所列参考文献的所有作者，以及为本书出版给予热心支持和帮助的同事、朋友们，表示衷心的感谢。

出好书，使千百万莘莘学子受益，一直是作者追求的目标。但由于编者水平所限，同时大数据共享与交易研究仍然是一个发展中的、需要付出艰巨努力的方向，书中难免有不妥之处，望广大读者给予批评指正。

文 斌

binwen@hainnu.edu.cn

目　　录

第一部分　理论篇

第二部分 方法篇

第三部分　应用篇

第一部分

理 论 篇

第1章 概 述

本章主要内容

- 大数据的定义与特征；
- 大数据计算模式与存储的研究内容和特点；
- 大数据共享与交易的有关概念；
- 应用需求驱动的数据交易方法。

1.1 什么是大数据

1.1.1 数据的定义

“数据”是指任何以电子或者其他方式对信息的记录。

业内关于“数据”和“信息”之间关系的理解，大致可以分为三类：一是“信息”属于“数据”的子概念，“信息”是从采集的“数据”中提取的有用内容；二是“信息”与“数据”互相混用，概念区分没有实质意义；三是“数据”属于“信息”的子概念，仅表示“信息”在电子通信环境下的表现形式。

科技的迅速发展和互联网的普及，导致各大行业都在迅速地互联网化。数据慢慢地走进了人们的视野。同时，这也唤醒了越来越多“沉睡”的数据，数据中的复杂结构化与非结构化信息被人们发现并加以利用。大数据在这种爆发式增长的形势中应运而生。

1.1.2 大数据的定义与特征

大数据是一个抽象的概念，最早出现在 apache.org 的开源项目 Nutch 中。最初大数据意为更新网络搜索索引，并需要处理和分析大量的数据集。1998 年，美国 SGI 公司的 John Mashey 指出，随着数据量的快速增长，必将出现数据难理解、难获取、难处理和难组织等四个难题，并用“Big Data”（大数据）来描述这一挑战。大数据在 Gartner 机构中的定义为：大数据是一种基于新的处理模式而产生的具有强大的决策力、洞察力以及流程优化能力的多样性的、海量的且增长率高的信息资产。麦肯锡全球研究所将大数据定义为是大小规格超越传统数据库软件工具抓取、存储、管理和分析能力的数据群。

目前，大数据在业界还没有一个统一的定义，但是大家普遍认为，大数据具备 volume、velocity、variety 和 value 四个特征，简称“4V”，即数据体量巨大、数据速度快、数据类型繁多和数据价值密度低。大数据的“4V”特征明确地将大数据与大量数据区分开来，即如何从海量的数据中发现价值，而不是将数据仅仅限定在某个维度。

在中国，大数据已然成为一种全新的时代标志。2014 年 3 月，大数据首次被写入政府工作报告中。2015 年，国务院在《促进大数据发展行动纲要》中明确指出，立足我国国情和现实需要，推动大数据发展和应用，在未来 5 至 10 年逐步实现以下目标：打造精准治理、多方协作的社会治理新模式；建立运行平稳、安全高效的经济运行新机制；构建以人为本、惠及全民的民生服务新体系，开启大众创业、万众创新的驱动新格局；培育高端智能、新兴繁荣的产业发展新生态。2016 年，《中华人民共和国国民经济和社会发展第十三个五年规划纲要》正式提出“实施国家大数据战略”后，大数据开始在国内全面快速发展。2021 年是我国“十四五”规划开局之年，国家“十四五”规划中明确提出数据已成为重要的生产因素，大数据产业是激活数据要素潜能的关键支撑，也是加快经济社会发展变革的重要引擎。

1.2 大数据计算模式与存储

大数据时代信息科技的发展必须解决两个基础问题：如何存储大数据，如何面向大数据进行有效计算，即“算得出”“存得住”。下面针对大数据计算和大数据存储两个方面进行陈述。

1.2.1 大数据的计算模式

大数据计算模式，其实就是根据大数据的不同特征，从多样性的大数据计算问题和需求中提炼并建立的各种高层抽象或模型。在实际情况中，大数据需要处理的问题往往是复杂多样的，很难用一种通用的大数据计算模式来解决各式各样的大数据计算需求。由于大数据所处理的问题具有很多高层的数据特征和计算特征，因此需要更多地结合这些高层特征考虑更高层次的计算模式。大数据包含静态数据与动态数据（流数据）。静态数据适合采用批处理的方式，动态数据需要进行实时计算。根据大数据处理多样性的需求和不同的特征维度，目前出现了多种典型和重要的大数据计算模式，主要有批处理计算、流计算、查询分析计算、图计算等，如表 1.1 所示。

1. 批处理计算

Google 公司在 2004 年提出的 MapReduce 编程模型是具有代表性的，同时也是使用广泛的批处理模式，可用于大规模数据集的并行运算。在 MapReduce 中，一个分布式计算过程大体分为两个阶段。

① 映射（Map）阶段　将存储在分布式文件系统中的大规模数据集分割成多个独立的小数据块，并由多个 Map 任务并行处理。

② 合并（Reduce）阶段　Map 任务所产生的结果作为 Reduce 任务的输入，进行规约，得到最终结果。

MapReduce 的核心思想可概括为两点。

- 将问题分而治之。将数据分割为多个模块并由多个 Map 任务处理。
- 计算向数据靠拢。大规模数据环境下的移动数据的传输成本较高，将计算节点与存储节点放在一起来避免通信开销。

表 1.1 大数据计算模式[1]

大数据计算模式	关键技术	存储体系	计算模型	计算平台	代表产品
批处理计算	Pig ZooKeeper Hive HDFS Mahout Yarn	GFS HDFS NoSQL	MapReduce	Hadoop Azure InfoSphere	MapReduce
流计算	Tuple Bolt Topology	GFS HDFS	流计算模型	Storm S4	Storm S4
查询分析计算	HBase Hive	Stingcr	Impala Shark Presto	Hadoop	Cassandra Dremel
图计算	数据融汇 图分割	GFS HDFS NoSQ	BSP	Hadoop Google	Hama Pregel

2. 流计算

流计算模式的基本理念是，数据的价值会随着时间的流逝而不断减少[2]。因此，尽可能快地对最新的数据做出分析并给出结果是所有流计算模式的主要目标。这时就需要一个低延迟、可扩展、高可靠的处理引擎。例如，大型应用系统的故障分析需要源源不断地读取日志，并对日志分析，再做出判断。数据的实时处理一直是一个很有挑战性的工作，数据流本身具有持续到达、速度快、规模巨大等特点，因此，通常不会对所有的数据进行永久化存储，同时，由于数据环境在不断地变化，系统很难准确掌握整个数据的全貌。对于一个流计算系统来说，它应当满足高性能、海量性、实时性、分布式等多个特点。由于响应时间的要求，流处理的过程基本在内存中完成，其处理方式更多地依赖于在内存中设计巧妙的概要数据结构。内存容量是限制流处理模式的一个主要瓶颈。

讨论流处理模式的代表框架，就不得不提到 Apache Storm 了。Apache Storm 是一种侧重于低延迟的流处理框架，以近实时方式处理源源不断的流数据。

3. 查询分析计算

查询分析计算模式在企业中应用较多。数据查询分析计算系统需要具备对大规模数据进行实时或准实时查询的能力，数据规模的增长已经超出了传统关系型数据库的承载和处理能力。正因为如此，数据查询分析计算系统是比较受欢迎的。主要的数据查询分析计算系统包括 Hive、Cassandra、Hana、HBase、Dremel、Shark 等。Google 开发的“交互式”数据分析系统 Dremel 将处理时间缩短到秒级，可以满足上万用户操作

PB 级的数据，并可以在 2～3s 的时间内完成 PB 级的数据查询。

4. 图计算

在大数据时代，许多数据是以大规模图或网络的形式呈现。许多非图结构的大数据，常常会被转换为图模型后进行分析。图数据结构很好地表达了数据之间的关联性。关联性计算是大数据计算的核心——通过获得数据的关联性，可以从噪声很多的海量数据中抽取有用的信息。但很多传统的图计算算法都存在以下几个典型问题。

（1）常常表现出比较差的内存访问局部性。

（2）针对单个顶点的处理工作过少。

（3）计算过程中伴随着并行度的改变。

针对大型图（如社交网络和网络图）的计算问题，提出以下解决方案。

（1）为特定的图应用定制相应的分布式实现，但通用性一般，如果出现新的图模式，则需要进行重复开发。

（2）基于现有的分布式计算平台进行图计算，但性能及易用性方面达不到最优。

（3）使用单机的图算法库，如 BGL、Standford GraphBase、LEAD 和 FGL 等，但无法解决大规模问题。

（4）使用已有的并行图计算系统，如 Parallel BGL 和 CGM Graph，实现很多并行图算法，但容错性一般。

Pregel 是一种基于整体同步并行计算（bulk synchronous parallel，BSP）模型实现的并行图处理系统。为了解决大型图的分布式计算问题，Pregel 搭建了一套可扩展的、有容错机制的平台，该平台提供了一套非常灵活的应用程序编程接口（application program interface，API），可以描述各种各样的图计算。Pregel 作为分布式图计算的计算框架，主要用于图遍历、最短路径、PageRank 计算等。

1.2.2 大数据的存储

海量数据必然伴随着数据如何高效存储的问题。数据分为三类：结构化数据、非结构化数据、半结构化数据。

① *结构化数据存储* 结构化数据存储即为人们所熟悉的传统数据库中的数据，该类数据可以用统一的格式与标准来进行描述。

② *非结构化数据存储* 常见的非结构化数据包括文件、图片、语音、视频等，该类数据无法使用统一的标准进行描述，需要二次加工才能得到有价值的信息。由于其不受格式约束，人人都可生产该类数据，因此其数据量远远高于结构化数据。对于此类数据，由于具有形式多样、来源广、维度多、价值密度低等特点，可采用分布式文件系统方式来存储该类数据。

③ *半结构化数据存储* 半结构化数据是介于结构化与非结构化数据之间的数据，如摄像头传输的数据既有时间、位置等结构化数据，也有图片等非结构化数据。

如何实时高效地进行大数据的存储对研发人员来说是一种挑战。传统的处理数据的方式不能满足需求。针对大数据存储要求，目前采取了一些新存储架构和方法，如

Google 开发了分布式文件系统（Google file system，GFS）。GFS 可以用于大型的、分布式的、对大量数据进行访问的应用，较好地满足了海量数据存储的需求。还有 Hadoop 分布式系统（Hadoop distributed file system，HDFS），该系统是针对 GFS 的开源实现，具有很好的容错性。

1. 分布式文件系统

在大数据时代，需要处理分析的数据集的大小已经远远超过了单台计算机的存储能力，每天新增的数据量可能多达 TB 级，因此需要将数据集进行分区并存储到若干台独立的计算机中。但是，分区存储的数据不方便管理和维护，这样迫切需要一种文件系统来管理多台机器上的文件。普通的文件系统只需要一个计算机节点即可完成文件存储及管理，而分布式文件系统是一种允许文件通过网络在多台主机上进行分享的文件系统，可让多台机器上的多用户分享文件和存储空间。成千上万的计算机节点构成集群来完成文件存储及管理。普通的文件级别的分布式系统在一定程度上能解决分布式存储问题，但在处理大数据存储问题时，仍存在一些问题：首先其难以负载均衡，用户的文件大小往往是不统一的，很难保证每个节点上的存储负载是均衡的，其次难以并行处理，当分布在不同节点上的任务并行读取一个文件时，上层计算框架的并行处理效率并不高。为了解决这类问题，块级别的分布式文件系统出现了。这种系统的基本思想是将文件分割成等大小的数据块，并以数据块的形式存储到不同节点来解决上述两个问题。HDFS 正是这种块级别的分布式文件系统，该系统是 Hadoop 的一个分布式文件系统，是 Hadoop 应用程序使用的主要分布式存储。HDFS 被设计成适合运行在通用硬件上的分布式文件系统。

① HDFS 文件系统 HDFS 是个抽象层，底层依赖很多独立的服务器，对外提供统一的文件管理功能。HDFS 文件系统的基本架构如图 1.1 所示。

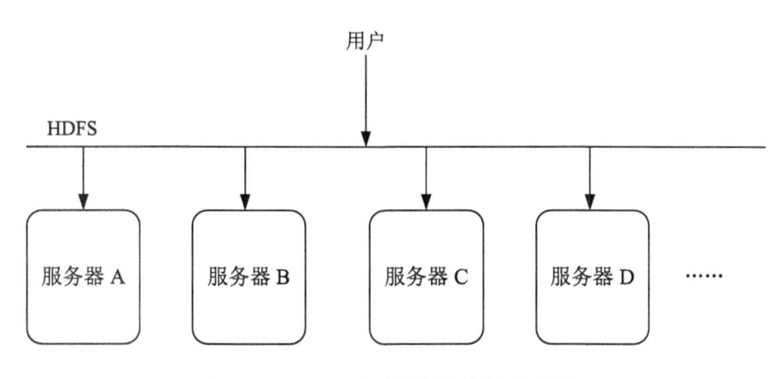

图 1.1 HDFS 文件系统的基本架构

为了解决存储节点负载不均衡的问题，HDFS 将单个文件分割成多个块，然后再把这些分割后的文件块存储在不同服务器上，这样可以避免因文件过大而带来的读文件压力全部集中在单个服务器上，以此解决某个热点文件带来的单机负载过高的问题。

如果某台服务器出现故障，那么文件必然会出现缺失访问不全的问题。为此，HDFS 通常会将分割后的所有块分别进行多个备份来保证文件的可靠性，如图 1.2 所示。

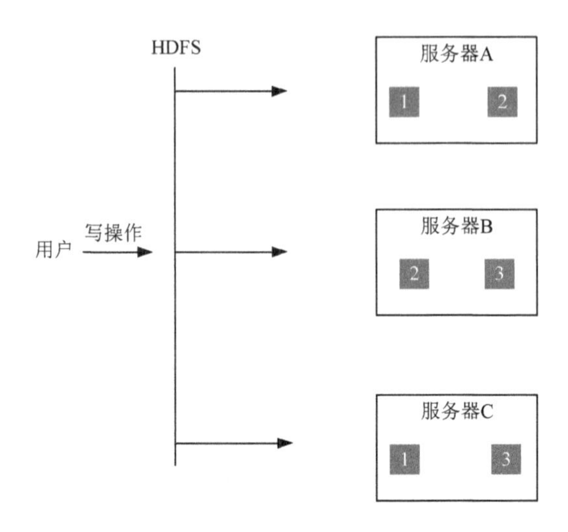

图 1.2 HDFS 文件系统块备份策略

采用分块多次备份方式后，HDFS 文件的可靠性就大大增强了，即使某个服务器出现故障，也仍然可以完整读取文件，该方式还带来一个很大的好处，就是增加了文件的并发访问能力。为了管理文件，HDFS 需要记录维护一些元数据，也就是关于文件数据信息的数据，如 HDFS 中存了哪些文件，文件被分成了哪些块，每个块被放在哪台服务器上等。HDFS 把这些元数据抽象为一个目录树，来记录这些复杂的对应关系。这些元数据由一个单独的模块进行管理，这个模块叫作名称节点（name node）。存放文件块的真实服务器叫作数据节点（data node）。

② *HDFS 设计理念*　简单来讲，HDFS 的设计理念是可以运行在普通机器上，以流式数据方式存储文件，一次写入、多次查询。具体有以下几点。

- 可兼容在廉价机器上。HDFS 的设计理念之一就是让它能运行在普通的硬件之上，即便硬件出现故障，某个节点失效，也可以通过快速检测硬件故障和自动恢复机制来保证数据的高可用性。
- 高容错性。由于 HDFS 需要建立在普通计算机上，很容易出现节点故障问题。HDFS 将数据自动保存多个副本，副本丢失后，自动恢复，从而实现数据的高容错性。
- 适合批处理。HDFS 适合一次写入、多次查询（读取）的情况。在数据集生成后，需要长时间在此数据集上进行各种分析。每次分析都将涉及该数据集的大部分数据甚至全部数据，因此读取整个数据集的时间延迟比读取第一条记录的时间延迟更重要。
- 适合存储大文件。HDFS 中的文件通常达到 GB 甚至 TB 规模，数百台机器集群可支持存储如此大规模文件。
- 支持跨平台操作。HDFS 底层是由 Java 语言实现的，只要支持 JVM（Java virtual machine，Java 虚拟机）都可以运行 HDFS。

③ *HDFS 局限性*　HDFS 的设计理念是为了满足特定的大数据应用场景，所以 HDFS 具有一定的局限性，不能适用于所有的应用场景。HDFS 的局限主要有以下

几点。

- 实时性差。要求低时间延迟的应用不适合在 HDFS 上运行，HDFS 是面向批处理设计的类型，具有很高的数据吞吐率，同时这也意味着其有很高的延迟性。对于实时性要求较高的场景，可以考虑 HBase。
- 无法存储大量小文件。这里的小文件是小于单个块大小的文件。由于名称节点将文件系统的元数据存储在内存中，因此该文件系统所能存储的文件总量受限于名称节点的内存总容量。根据经验，每个文件、目录和数据块的存储信息大约占 150B。过多的小文件存储会大量消耗名称节点的存储量。
- 不支持多用户写入及随意修改。HDFS 中的文件只有一个写入者，而且写操作总是将数据添加在文件的末尾。HDFS 不支持具有多个写入者的操作，也不支持在文件的任意位置进行修改。

2. HBase 分布式数据库

在大数据场景中，除了直接以文件形式保存的数据外，还有大量结构化和半结构化数据，这类数据往往需要支持更新操作，HDFS 很难满足这种要求。为了解决这类问题，HBase 应运而生。HBase 是基于 Apache Hadoop 的面向列的 NoSQL 数据库，是 Google 的 BigTable 的开源实现，主要用来存储非结构化数据与半结构化数据的松散数据。

HBase 是一个针对半结构化数据的开源的、多版本的、可伸缩的、高可靠的、高性能的、分布式的和面向列的动态模式数据库。一般来说，主要从两个方面来讨论 HBase 数据模型：逻辑数据模型与物理数据存储。

① *逻辑数据模型* 数据模型是理解数据库的核心。和传统数据库一样，HBase 也是由一张张的表组成，每一张表里也有数据行与列，但 HBase 的行与列又和传统的数据库的行与列有所不同。

- 表（table）：HBase 会将数据组织进一张张的表里面，但是需要注意的是表名必须是能用在文件路径里的合法名字，因为 HBase 的表是映射成 hdfs 上面的文件。
- 行键（row key）：HBase 表的主键，表中的记录按照行键排序。
- 时间戳（timestamp）：每次数据操作对应的时间戳，可以看作数据的版本号。
- 列族（column family）：表在水平方向有一个或者多个列族组成，一个列族中可以由任意多个列组成，即列族支持动态扩展，无须预先定义列的数量以及类型，所有列均以二进制格式存储，用户需要自行进行类型转换。
- 单元（cell）：每一个行键，列族和列标识共同组成一个单元，存储在单元里的数据称单元数据，单元和单元数据也没有特定的数据类型，以二进制字节来存储。

② *物理数据存储* HBase 是列族式存储引擎，其物理视图如表 1.2 所示，它以列族为单位存储数据，每个列族内部数据是以键值对格式保存的。

表 1.2　HBase 的物理视图

<table>
<tr><td rowspan="6">行键</td><td rowspan="3">com.cnn.www</td><td rowspan="6">时间戳</td><td>t6</td><td rowspan="3">contents 列族</td><td>contents:html="<>html..."</td></tr>
<tr><td>t5</td><td>contents:html="<>html..."</td></tr>
<tr><td>t3</td><td>contents:html="<>html..."</td></tr>
<tr><td rowspan="2">com.cnn.www</td><td>t9</td><td rowspan="2">anchor 列族</td><td>anchor:cnnsi.com="CNN"</td></tr>
<tr><td>t8</td><td>anchor:cnnsi.com="CNN.com"</td></tr>
<tr><td>com.cnn.www</td><td>t6</td><td>mime 列族</td><td>mime:type="text//html"</td></tr>
</table>

3. NoSQL 数据库

虽然关系型数据库系统很优秀，但是在大数据时代，面对快速增长的数据规模和日渐复杂的数据模型，关系型数据库系统已无法应对很多数据库处理任务了。NoSQL（not only SQL）凭借其易扩展、大数据量和高性能及灵活的数据模型在数据库领域得到了广泛的应用。NoSQL 泛指非关系型数据库。随着 Web 2.0 网站的兴起，传统的关系数据库已经无法适应 Web 2.0 网站，特别是超大规模和高并发的社交类型的 Web 2.0 纯动态网站，暴露了很多难以克服的问题，而非关系型的数据库则由于其本身的特点得到了迅速发展。NoSQL 数据库的产生是为了解决大规模数据集合多重数据种类带来的挑战，尤其是大数据应用难题。近些年来，NoSQL 数据库的发展势头强劲。据统计，目前已经产生了 50～150 个 NoSQL 数据库系统。归纳起来，可以将典型的 NoSQL 划分为 4 种类型：键值数据库、列式数据库、文档数据库和图形数据库[3]。

① *键值数据库*　键值数据库起源于 Amazon 公司开发的 Dynamo 系统，可以把它理解为一个分布式的 Hashmap（散列表），支持 SET/GET 元操作。它是一种非关系数据库，使用简单的键值方法来存储数据。键值数据库将数据存储为键值对集合，其中键作为唯一标识符。键和值都可以是从简单对象到复杂复合对象的任何内容。键值数据库是高度可分区的，并且允许以其他类型的数据库无法实现的规模进行水平扩展。

② *列式数据库*　列式数据库起源于 Google 的 BigTable，其数据模型可以看作一个每行列数可变的数据表，面向列的数据库根据列而不是行来存储和处理数据。将列和行分割到多个节点中，以实现可扩展性。列式数据库能够在其他列不受影响的情况下，轻松添加一列，但是如果要添加一条记录时就需要访问所有表，所以行式数据库要比列式数据库更适合联机事务处理过程（online transaction processing，OLTP），因为 OLTP 要频繁地进行记录的添加或修改。

③ *文档数据库*　文档数据库是通过键来定位一个文档的，所以是键值数据库的一种衍生品。在文档数据库中，文档是数据库的最小单位。文档数据库可以使用模式来指定某个文档结构。文档数据库主要用于存储和检索文档数据，非常适合那些把输入数据表示成文档的应用。从关系型数据库存储方式的角度来看，每一个事物都应该存储一次，并且通过外键进行连接，而文件存储不关心规范化，只要数据存储在一个有意义的结构中就可以。如果将报纸或杂志中的文章存储到关系型数据库中，首先对存储的信息进行分类，即将文章放在一个表中，作者和相关信息放在一个表中，文章评论放在一个表中，读者信息放在一个表中，然后将这四个表连接起来进行查询。但是

文档存储可以将文章存储为单个实体，这样就降低了用户对文章数据的认知负担。

④ *图形数据库* 图形数据库以图论为基础，用图来表示一个对象集合，包括顶点及连接顶点的边。图形数据库使用图作为数据模型来存储数据，可以高效地存储不同顶点之间的关系。图形数据库是 NoSQL 数据库类型中最复杂的一个，旨在以高效的方式存储实体之间的关系。图形数据库适用于高度相互关联的数据，可以高效地处理实体间的关系，尤其适合于社交网络、依赖分析、模式识别、推荐系统、路径寻找、科学论文引用资本资产集群等场景。图形数据库在处理实体间的关系时具有很好的性能，但是在其他应用领域，则不如其他 NoSQL 数据库。典型的图形数据库有 Neo4J、OrientDB、InfoGrid、Infinite Graph 和 GraphDB 等。

4. *云数据库*

随着大数据的体量在当前环境下的迅速增长，如何方便快捷、低成本地存储海量数据成为了一个难题。云数据库可以很好地解决这个难题。云数据库是指被优化或部署到一个虚拟计算环境中的数据库，只有按需付费、按需扩展、高可用性、存储整合等优势。在云数据库中，所有的数据库功能都是在云端提供的，客户可以通过网络远端使用云数据库提供的服务。云数据库具有以下特性：实例创建快速、支持只读实例、读写分离、故障自动切换、数据备份、Binlog 备份、SQL 审计、访问白名单、监控与消息通知等。

1.3 大数据共享与交易

数据拥有巨大的经济价值，被喻为新兴的石油资源。随着信息化进程的加速，当今数据的体量正呈指数级爆炸式增长，在信息时代更是成为个人、企业甚至国家的战略资源。其丰富的内涵若得以充分挖掘利用将发挥巨大价值。大数据有一个稀有属性——协同作用，即多个数据集作为一个整体的价值要大于各个数据集价值的简单相加。并且数据作为一种非独占性的特殊资源，具有增长速度快、复制成本低、潜在价值未知、所有权难确定、流通渠道难管控等特性。

然而，当前的数据共享与流通规则和技术却无法体现出大数据的协同属性，也无法满足各类应用对于数据资源的强烈需求，形成了大量与世隔绝的数据孤岛，这是对数据资源的极大浪费。因此必须盘活大数据资产，维护健康的数据共享和交易生态、支持数据共享和交易的开放平台和相关技术来打破数据壁垒，连接数据孤岛，促进数据在互联网上的流通，以挖掘大数据的经济价值，释放各类数据的应用潜力。

1. *发展现状*

数据的流通和交易作为新兴的商业模型，已经引起企业界和学术界的高度关注，数据交易和共享平台的建设也正在进入井喷期。目前的大数据交易平台主要有三种不同的性质：政府主导；企业以市场需求为导向建立；产业联盟建立。例如，Factual、BDEX、Infochimps、Mashape 等国外交易平台，以及京东万象（京东旗下）、发源地

（上海连源信息科技有限公司）、数多多（深圳视界信息技术有限公司）等国内平台[4]。也有由政府所主导的贵阳大数据交易所、东湖大数据交易中心等。交易平台类型不同，其业务内容也会有所差异。将现有的大数据交易平台可划分为两类：第一类是第三方数据交易平台，该类型平台仅仅是数据的供应方和数据需求方的中介，不涉及数据的采集、处理和存储；第二类是综合数据服务平台，该类型平台不仅可以进行数据的采集、处理和存储，为用户提供多种服务，如解决方案、数据产品等，也可以作为中介，为数据供应方和数据需求方提供交易服务。

我国数据交易以点对点模式为主，交易规模已相当可观，仅商业银行每年的数据采购金额就超过百亿元。点对点模式虽然能满足企业定向采购数据的需求，但由于信息不对称，很难形成供需关系指导下的市场调节机制，无法实现大规模的数据要素市场化配置。

借鉴传统要素市场化的发展经验，自 2014 年开始，全国各地开始建设数据交易机构，提供集中式、规范化的数据交易场所和服务，以期消除供需双方的信息差，推动形成合理的市场化定价机制和可复制的交易制度。2014 年以来国内主要数据交易机构基本情况如表 1.3 所示。2014～2017 年间，国内先后成立了 23 家由地方政府发起、指导或批准成立的数据交易机构。2021 年 9 月，海南省政府大数据推进领导小组办公室印发《海南省公共数据产品开发利用暂行管理办法》，鼓励利用区块链、隐私计算等新技术在公共数据产品利用平台进行开发，实现数据的安全有序流动。9 月 30 日，海南省大数据管理局开展数据产品超市建设，通过“赛道机制”遴选优秀大数据场景化应用优秀案例，探索新型数据产品交易方式。2021 年 12 月，海南省数据产品超市①上线。“数据要素市场化配置”提出后，各地继续将设立数据交易机构作为促进数据要素流通的主要抓手，再次掀起建设热潮。各地从创新业务模式、升级技术应用、强化数据供给等角度进行数据交易 2.0 时代的探索。2021 年 3 月成立的北京国际大数据交易所②提出构建“数据可用不可见、数据可控可计量”的新型数据交易体系，研发上线了基于隐私计算、区块链及智能合约、数据确权标识、测试沙盒等技术打造的数据交易平台 IDeX 系统，并推出了保障数据交易真实和可追溯的“数字交易合约”。

表 1.3 2014 年以来国内主要数据交易机构

序号	名称	成立时间
1	中关村数海大数据交易平台	2014 年 1 月
2	北京大数据交易服务平台	2014 年 12 月
3	贵阳大数据交易所	2015 年 4 月
4	武汉长江大数据交易中心	2015 年 7 月
5	西咸新区大数据交易所	2015 年 8 月
6	重庆大数据交易市场	2015 年 1 月
7	华东江苏大数据交易中心	2015 年 11 月

① https://www.datadex.cn/home

② https://www.bjidex.com/

续表

序号	名称	成立时间
8	华中大数据交易平台	2015年11月
9	广州数据交易平台	2016年6月
10	浙江大数据交易中心	2016年9月
11	中原大数据交易平台	2017年2月
12	山东省先行大数据交易中心	2017年6月
13	河南平原大数据交易中心	2017年11月
14	吉林省东北亚大数据交易服务	2018年1月
15	山东数据交易公司	2019年12月
16	山西数据交易服务平台	2020年7月
17	北部湾大数据交易中心	2020年8月
18	北京国际大数据交易所	2021年3月
19	上海数据交易所	2021年11月
20	海南省数据产品超市	2021年9月

2. 大数据共享与交易存在的挑战

① 异构海量数据预处理　虽然数据的体量呈指数级爆炸式增长，但并不是所有的数据都是有价值的，需要对海量数据进行预处理，必须先经过清洗、标记、脱敏之后，才能进行流通交易，防止出现对个人、对国家不利的情形出现[5]。贵阳大数据交易所提出了“数据清洗”的概念，可流通交易的数据并不是底层数据，而是基于底层数据清洗后的可视化结果。

② 数据确权与数据验证　数据确权是指确定数据的权利人，即谁拥有数据的所有权、隐私权、知情权、使用权和收益权并对个人隐私权负有保护责任等。确定个人数据的权利性质是认定权益归属的前提，基础性个人信息的人格权属性就已经决定了这部分数据理所当然地归个人所有。但衍生性个人数据的数据财产权利益涉及多方主体，这部分的数据权益应该属于谁？并且数据在互联网本质就是一串二进制数字，具有极强的可复制性及篡改性，因而需要可靠的验证方式来确保数据的真实性。

③ 数据安全与隐私保护　安全与隐私问题是大数据发展过程中的一个关键问题。多项实际案例表明，即使无害的数据被大量收集后，也会暴露个人隐私。如果大数据未经妥善处理，则会对用户的隐私造成极大的侵害，甚至损害国家政府的公平与利益。

④ 数据质量和价值评估　数据质量影响数据的利用。低质量的数据不仅浪费传输和存储资源，也会给数据价值挖掘带来一定的阻碍。当把数据作为一种有价资源进行买卖时，需要对数据的质量以及价值给出一个合理的估计和准确的量化。质量评估关注数据内容本身的特性，而价值评估则是在评估数据质量的同时，进一步综合考虑数据在生产过程中的开销和在不同应用中的产出。相关研究目前还面临许多挑战，尤其是数据的易复制、流通渠道难管控的特点，使得售出数据难以实现退货，这进一步提高了在售前对数据进行准确可信的质量和价值评估的要求。

⑤ 数据定价与收益分配　数据价格通常是影响交易成败的重要因素，同时又是市场中最难以确定的因素。数据作为非独占资源，在共享交易市场上，数据的价值具有不确定性、稀缺性、多样性，因此很难对数据进行估价。同时，由于数据在不同场景受到市场不同程度的影响，其估价难度也大大提高。如何克服以上困难，设计合理的数据定价机制来使数据资源得到更合理的分配，并实现交易参与方的多赢，是数据交易可持续进行的重要问题[6]。

1.4　应用需求驱动的数据交易

各行业大数据的交易状况与该行业当前所拥有的数据量和应用状况直接相关。具有互联互通基因的互联网、电信、媒体等行业是大数据交易较先涉足的领域，数据需求量大。随着互联网向传统产业的延伸及国家政策的引导，金融业、交通物流行业等领域也掀起了大数据应用的热潮，数据需求突出，市场交易开始发展。在金融业中，从数据交易角度看，超八成大数据交易集中在银行、保险和证券领域。大数据交易初期，市场需求主要表现在垂直行业。大数据交易最大的应用前景在传统产业。这一论点的提出，不仅是由于几乎所有传统产业都在互联网化，更是因为传统产业仍然占据了国内生产总值的绝大部分份额。能源、工业、农业等领域的大数据交易在未来将持续发展。

下面将列举一些数据交易的应用场景。

1. 银行业金融大数据交易

银行业金融大数据交易具有以下目的。

（1）整合信息资源，构建信用风险管控模型，实现高效信贷管理。

（2）增加客户黏性，拓展银行客户营销广度，提高盈利空间。

（3）风险管控，降低不良贷款率及客户欺诈风险。

目前，中国银行业在大数据应用领域仅仅用到一小部分与客户相关的数据，主要包括交易数据、客户信息数据（出生日期、地址、婚姻状况等）、评分数据、渠道使用数据。多年积累的业务数据的价值还远未充分挖掘，外部数据介入将弥补银行数据缺陷，从而催生银行大数据交易市场的诞生。

银行业金融大数据交易的实现，将拓展银行数据来源，充分挖掘数据内涵价值，拓宽银行整体盈利空间，其中零售银行业务、公司银行业务、资本市场业务、交易银行业务、资产管理业务、财富管理业务和风险管理七大业务有望产生连锁价值。

2. 证券业金融大数据交易

证券业金融大数据交易具有以下目的。

（1）获得用户需求偏好，开发金融及信息、服务产品。

（2）优化产品与服务，达到精准营销。

（3）对上市公司及拟上市公司的风险监控及监管。

证券业大数据交易需求分为个人数据、企业数据、市场交易数据三种，其中市场交易数据市场相对成形，需求主要集中在个人数据和企业数据。个人数据包括交易情况、购买时点、盈利能力等；企业数据包括非上市公司、拟上市公司的相关信息。

证券业大数据交易的实现，将可以辅助推出有针对性的理财产品，提高投资决策及价值投资标的选择的准确率，拓展证券业盈利空间，打击市场违法违规行为。

3. 保险业金融大数据交易

保险业金融大数据交易具有以下目的。

（1）评估风险和定价，实现产品优化、绩效管理。

（2）交叉销售，防止客户流失。

（3）欺诈检测、索赔预防和缓解，减少公司损失。

国内外领先的保险公司在定价、营销、保单管理、理赔和反欺诈等不同领域正在对大数据应用进行积极的尝试和创新。

国内保险行业有三个经典“痛点”：与客户接触频率低，因而难以进行场景营销；数据基础差，限制了精算能力，对产品创新产生制约；运营整合难，影响了成本和客户体验。大数据交易无疑为解决这些问题带来了契机。

4. 旅游消费积分大数据交易

旅游消费数据通过积分数据共享交易将成为旅游产业的核心资产。例如，集成云计算、大数据、区块链等技术打造的面向服务的海南旅游消费积分数据交易平台，构建O2O（online to offline，线上线下相结合）旅游消费数据共享与交易模式，实现消费者与联盟企业、银行、政府信息全流程对接，实现上游打通各银行卡、话费、企业福利积分等积分发放场景，下游整合酒店、景点等旅游场景及话费、加油卡充值、黄金兑换、京东购物等线上消费，为用户提供全面的旅游消费服务，是旅游消费新模式、新业态。

本章小结

本章从需求驱动牵引的应用研究理念阐述大数据共享与交易。先从大数据的背景、定义及特征入手引入大数据的概念，并指出大数据战略多次被写入国际和国家产业发展政策的重要性，由此可看出大数据技术特征已然成为一个全新的时代发展标志。大数据的“4V”是被公认的大数据特点。1.2 节根据大数据的不同特征和计算特征，介绍了批处理计算、流计算、图计算、查询分析计算等大数据的计算模式。同时，海量数据必然伴随着数据如何高效存储的问题，本节还介绍了大数据存储与管理的相关技术及概念，包括分布式文件系统、HBase 分布式数据库、NoSQL 数据库、云数据库等。1.3 节通过分析数据的价值，描述了目前大数据共享与交易的发展现状与当前存在的一些挑战：海量数据需要预处理、数据需要确权及验证、如何进行数据安全及隐私保护、数据质量和价值评估、数据定价与收益分配。1.4 节通过应用需求驱动数据共享与交易，描述了当前大数据环境下数据交易的一些应用场景，如银行业金融大数据交易、证券业金融大数据交易、保险业金融大数据交易等。

主要参考文献

[1] 龙虎，彭志勇. 大数据计算模式与平台架构研究[J]. 凯里学院学报，2019，37（3）：73-76.

[2] 林子雨. 大数据技术原理与应用[M]. 北京：人民邮电出版社，2016.

[3] CHEN M, MAO S W, ZHANG Y, et al. Big data related technologies, challenges and future prospects[M]. Berlin: Springer, 2014.

[4] 王卫，张梦君，王晶. 国内外大数据交易平台调研分析[J]. 情报杂志，2019，38（2）：181-186，194.

[5] 王卫，张梦君，王晶. 数据交易与数据保护的均衡问题研究[J]. 图书馆，2020（2）：75-79.

[6] 陆品燕，吴帆. 大数据共享与交易[J]. 中国计算机学会通信，2019，15（2）：8-11.

第2章　数据即服务

本章主要内容

- 面向服务的体系结构及服务计算；
- 云计算中的服务模式：SaaS、PaaS 和 IaaS；
- 云原生技术；
- 数据即服务（DaaS）；
- DaaS 资源共享成熟度。

互联网是信息技术领域人类在 20 世纪做出的对今后影响最大的发明，开放、自治、动态变化是互联网的主要特征，这些特征使得互联网计算与传统的分布式计算有着本质的不同。基于互联网的网络化软件与传统软件也有明显区别，网络化软件既要像桌面软件一样方便使用，满足多样化的个性需求和适应动态负载与可扩展性的要求，还要有效利用分散、自治、异构的网络资源，支持跨管理域的系统集成。

随着软件与网络的深度融合，激励着数据处理技术的创新。数据即服务（data as a service，DaaS），充分利用网上可用数据资源，随需而变、协作应变，满足个性化多元化分布式涉众用户数据服务需求。

2.1　面向服务的体系结构及服务计算

服务作为一种自治、开放、与平台无关的网络化构件，可使分布式应用具有更好的复用性、灵活性和可增长性。面向服务计算（service-oriented computing，SOC）是一种新型的计算模式，它把服务作为基本的构件来支持快速、低成本和简单的分布式甚至异构环境的应用组合。面向服务的计算重点之一就是以标准的方式支持系统的开放性，进而使相关技术与系统具有长久的生命力。

企业在构建应用系统时面临节约成本和随需应变这两大难题。面向服务的体系结构（service-oriented architecture，SOA）和面向服务计算（SOC）技术是标识分布式系统和软件集成领域技术进步的一个里程碑[1]。基于服务组织计算资源所具有的松耦合特征会给企业带来许多好处：遵从 SOA 的企业 IT 架构不仅可以有效保护企业投资，促进遗留系统的复用，最大限度利用现有资源和技术以消减成本，而且可以支持企业随需应变的敏捷性和先进的软件外包管理模式。企业在把其关键功能服务化后，可以使企业间的电子商务以更高效、灵活的方式开展。Web 服务技术是当前 SOA 的主流实现方式，包括 IBM、微软在内的全球知名 IT 企业正和各大学及研究机构通力合作，积极促进 Web 服务技术的成熟和发展。

SOA 概念最早由国际咨询机构 Gartner 公司于 1996 年首次提出。迄今为止，对于

SOA 还没有一个统一的定义。下面列出主要的 SOA 概念。

（1）W3C 定义：SOA 为一种应用程序体系结构，在这种体系结构中，所有功能定义为独立的服务，这些服务带有定义明确的可调用接口，可以以定义好的顺序调用这些服务来形成业务流程。

（2）Gartner 定义：SOA 为客户端/服务器的软件设计方法，一项应用由软件服务和软件服务使用者组成。SOA 与大多数通用的客户端/服务器模型不同之处在于，它着重强调软件构件的松散耦合，并使用独立的标准接口。

（3）Service-architecture.com 定义：SOA 本质上是服务的集合。服务间彼此通信，这种通信可能是简单的数据传递，也可能是两个或更多的服务协调。服务间需要某些方法进行连接。所谓服务就是精确定义、封装完善、独立于其他服务所处环境和状态的函数。

（4）IBM：SOA 是一个组件模块，它将应用程序的不同功能单元（称为服务）通过其间定义良好的接口和契约联系起来。接口是采用中立的方式进行定义的，它应该独立于实现服务的硬件平台、操作系统和编程语言。这使得构建在各种各样的系统中的服务可以通过一种统一和通用的方式进行交互。

经典的面向服务的体系结构模型包含三个角色：服务请求者、服务提供者和服务代理（中介平台），SOA 的概念模型如图 2.1 所示，角色之间的交互关系如图 2.2 所示[2]。

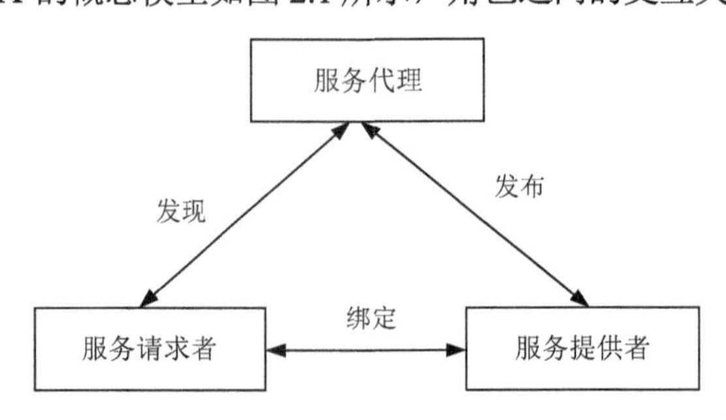

图 2.1　经典面向服务体系结构 SOA

① 服务提供者　负责创建服务的描述，发布到服务中介。

② 服务请求者　从服务代理处查找服务的描述，进而调用服务。当然，如果知道服务的具体地址，也可以绕过服务代理直接调用。因此，服务代理并不是必需的。

③ 服务代理　服务提供者和服务请求者之间的中介，如企业服务总线（enterprise service bus，ESB）。

SOA 是一种粗粒度、松耦合服务架构，服务之间通过简单、精确定义接口进行通信，不涉及底层编程接口和通信模型。单个服务内部结构如图 2.3 所示，一个完整的面向服务的体系结构模型如图 2.4 所示。SOA 可以看作 B/S 架构、XML（extensible makeup language，可拓展标记语言）与 Web 服务技术之后的自然延伸。

SOA 将能够帮助软件工程师们站在一个新的高度理解企业级架构中的各种组件的开发、部署形式，它将帮助企业系统架构者以更迅速、更可靠、更具重用性架构整个业务系统。较之以往，以 SOA 架构的系统能够更加从容地面对业务的急剧变化。

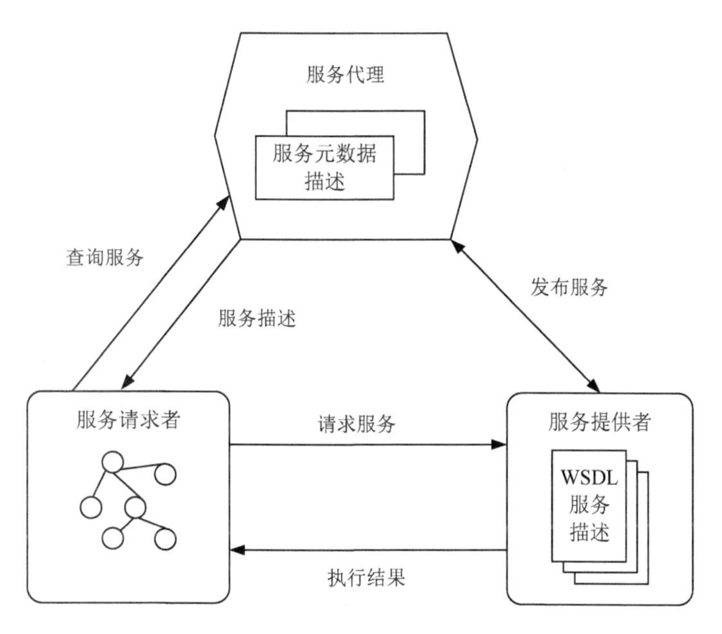

图 2.2　SOA 角色之间的交互关系

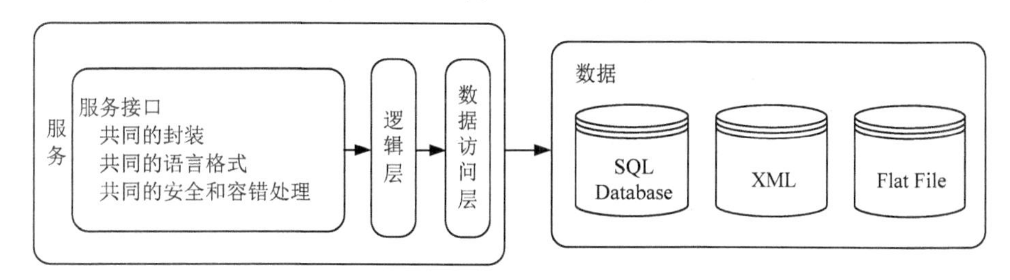

图 2.3　单个服务内部结构

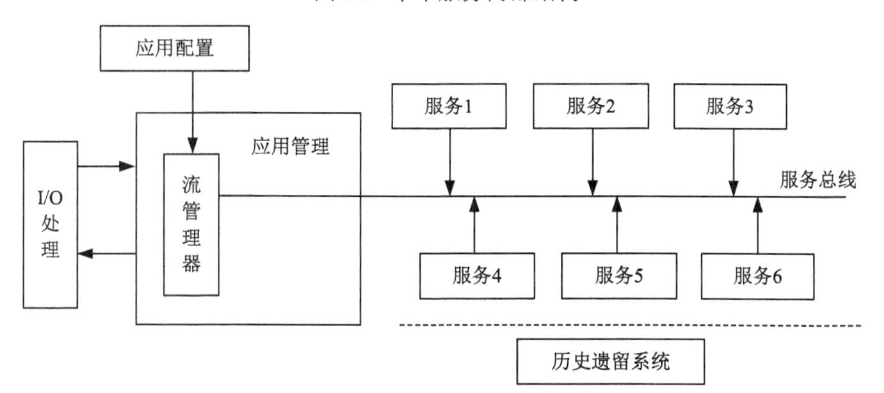

图 2.4　一个完整的面向服务的体系结构模型

要运行和管理 SOA 应用程序，需要 SOA 技术体系，这是 SOA 平台的一个重要部分。SOA 技术体系必须支持所有的相关标准，以及需要的运行时容器。图 2.5 所示是 SOA 计算环境的整体标准协议栈，图 2.6 所示的是一个典型的 SOA 技术体系协议层次结构。

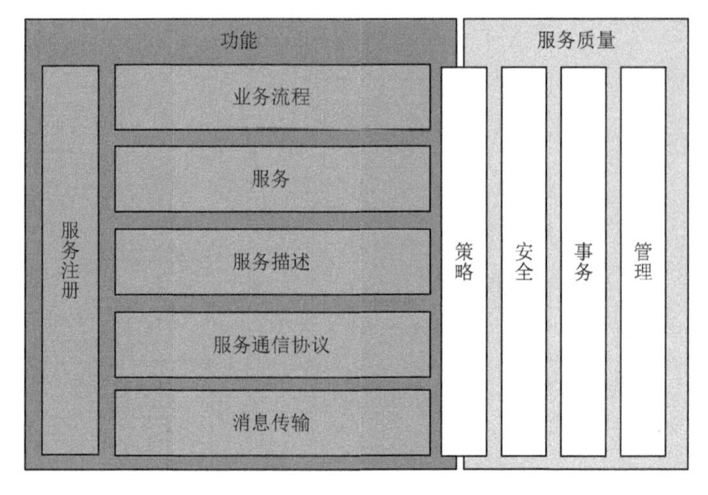

图 2.5 SOA 计算环境的整体标准协议栈

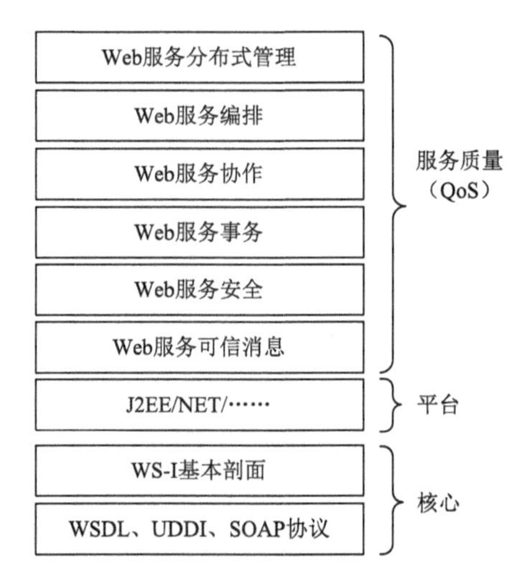

图 2.6 SOA 技术体系协议层次结构

1. SOA 技术体系的核心

1）WSDL、UDDI 和 SOAP

WSDL（Web services description language，Web 服务描述语言）、UDDI（universal description，discovery and integration，统一描述发现和集成协议）和 SOAP（simple object access protocol，简单对象访问协议）是 SOA 技术体系的基础部件。WSDL 用来描述服务；UDDI 用来注册和查找服务；而 SOAP 作为传输层，用来在消费者和服务提供者之间传送消息。SOAP 是 Web 服务的默认机制，其他的技术为可以服务实现其他类型的绑定。

2）WS-I Basic Profile

WS-I Basic Profile，由 Web 服务互用性组织（Web services interoperability organization，WS-I）提供，是 SOA 服务测试与互用性所需要的核心构件。服务提供者可以使用 Basic Profile 测试程序来测试服务在不同平台和技术上的互用性。

2. SOA 技术体系中的开发平台

尽管 J2EE 和.NET 平台是开发 SOA 应用程序常用的平台，但 SOA 不仅限于此。如 J2EE 这类平台，不仅为开发者参与到 SOA 提供了一个平台，还通过平台内在的特性，将可扩展性、可靠性、可用性引入了 SOA 世界。新的规范，如 JAXB（Java API for XML binding），用于将 XML 文档定位到 Java 类；JAXR（Java API for XML registry）用来规范对 UDDI 注册表（registry）的操作；XML-RPC（Java API for XML-based remote procedure call）在 J2EE1.4 中用来调用远程服务，这使得开发和部署可移植于标准 J2EE 容器的 Web 服务变得容易。与此同时，实现了跨平台（如.NET）的服务互用。

3. 服务质量

当一个企业开始采用服务架构作为工具来进行开发和部署应用的时候，基本的 Web 服务规范，如 WSDL、SOAP、UDDI 就不能满足需求了。这些需求也称作服务质量（quality of services，QoS）。与 QoS 相关的众多规范已经由一些标准化组织提出，如 W3C（world wide web consortium）和 OASIS（the organization for the advancement of structured information standards）。

OASIS 正致力于 Web 服务安全规范的制定。Web 服务安全规范用来保证消息的安全性。该规范主要包括认证交换、消息完整性和消息保密。该规范吸引人的地方在于它借助现有的安全标准，如 SAML（security assertion markup language，安全断言标记语言），来实现 Web 服务消息的安全。

在典型的 SOA 环境中，服务消费者和服务提供者之间会有几种不同的文档在进行交换。具有如“仅且仅仅传送一次”（once-and-only-once delivery），“最多传送一次”（at-most-once delivery），“重复消息过滤”（duplicate message elimination）和“保证消息传送”（guaranteed message delivery）等特性消息的发送和确认，在关键任务系统（mission-critical systems）中变得十分重要。WS-Reliability 和 WS-Reliable Messaging 是两个用来解决此类问题的标准。这些标准由 OASIS 负责。

4. Web 服务

服务的概念源于社会和经济领域，是指为了创造和实现价值由顾客与提供者之间进行的交互协同过程和行为。服务的结果往往是人们得到了价值体验。与此相关的概念包括服务业、服务经济、服务科学、现代服务业等。服务计算是现代服务业的支撑技术。服务的实质是计算功能单元（信息资源）之间松耦合的联系，调用计算单元采用请求—响应方式，提出要求、获得价值。

在信息和通信技术领域，服务更多地被作为一种自治、开放、自描述、与实现无关的网络化构件[4]。与此相关的概念涉及服务计算、云计算。

下面列举一些组织或机构给出的服务概念。

W3C：服务提供者完成一组工作，为服务使用者交付所需的最终结果。最终结果通常会使使用者的状态发生变化，但也可能使提供者的状态改变，或者双方都产生变化。

OASIS：一种访问某一个或多个能力的机制，这种访问使用预先定义好的接口，并与该服务描述的约束和策略一致。服务的重要元素包括接口、约束和策略。

Wikipedia：服务是指自包含、无状态的业务功能，通过良好定义的标准接口，接收多方的请求，并返回一个或多个响应。服务不依赖其他的服务，并与使用的技术无关。特征包括自包含、无状态。

从服务是可访问构件的本质出发，由此定义服务和 Web 服务如下：

- 一个构件向外界暴露接口以供访问，这个构件称为一个服务。
- Web 服务即可以通过 Web 方式来调用的构件（软件实体）。
- Web 方式本质上就是使用 HTTP（hyper text transfer protocol，超文本传输协议）。

在理解 SOA 和 Web 服务的关系上，经常发生混淆。根据 2003 年 4 月的 Gartner 报道，Yefim V. Natis 就这个问题是这样解释的："Web 服务是技术规范，而 SOA 是设计原则。特别是 Web 服务中的 WSDL，是一个 SOA 配套的接口定义标准：这是 Web 服务和 SOA 的根本联系。"从本质上来说，SOA 是一种架构模式，而 Web 服务是利用一组标准实现的服务。Web 服务是实现 SOA 的方式之一。用 Web 服务来实现 SOA 的好处是可以通过一个中立平台来获得服务，而且随着越来越多的软件商支持越来越多的 Web 服务规范，系统会取得更好的通用性。

在 SOA 的基础技术实现方式中 Web 服务占据了很重要的地位，通常提到 Web 服务就是采用 SOAP 消息在各种传输协议上进行计算机之间的交互。SOAP 偏向于面向活动，有严格的规范和标准，包括安全、事务等各个方面的内容。同时，SOAP 强调操作方法和操作对象的分离，有 WSDL 文件规范和 XSD（XML schema definition，文档结构描述）文件分别对其定义。SOAP Web 服务的使用和解析比较复杂，又称为重载 Web 服务。

SOAP Web 服务的简易工作流程如下：客户端→阅读 WSDL 文档（说明书）→调用。客户端阅读 WSDL 文档发送请求，然后调用 Web 服务器最后返回给客户端，这与普通的 HTTP 请求一样，请求→处理→响应，与普通的请求不一样的就是 Web 服务请求中有一个 WSDL 文档和 SOAP 协议。

一个比较完整的 SOAP Web 服务调用和响应的流程（图 2.7）如下：客户端→阅读 WSDL 文档（根据文档生成 SOAP 请求）→发送到 Web 服务器→交给 Web 服务器请求处理→转发到 SOAP 服务器（如 Axis2）处理 SOAP 请求→调用 Web 服务→生成 SOAP 应答→Web 服务器通过 HTTP 的方式交给客户端。

REST 是英文 representational state transfer 的缩写，即表象化状态转变或者表述性状态转移。REST 是一种架构风格，其核心是面向资源，REST 专门针对网络应用设计和开发方式，以降低开发的复杂性，提高系统的可伸缩性。REST 简化开发，其架构遵循 CRUD 原则，该原则对于资源（包括网络资源）只需要四种行为（创建、获取、更新和删除）就可以完成相关的操作和处理。采用 REST 风格的 Web 服务即 RESTful Web 服务。

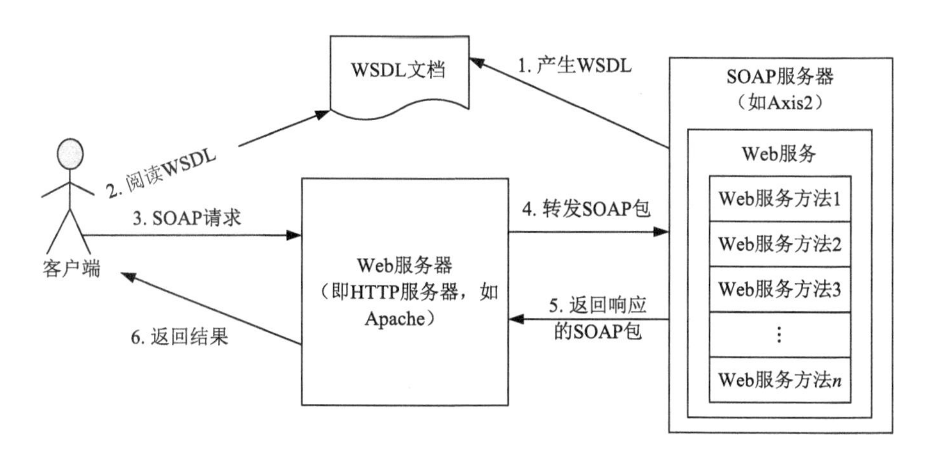

图 2.7　SOAP Web 服务调用和响应的流程

这里特别提到对资源使用统一的、简单的操作，因为面向服务思想强调统一契约，即每个服务中的方法最好是一致的。由于方法需要跨多个服务进行重用，因此它们往往是高度通用的（或统一的）。HTTP 带来一组通用的方法，如 GET、PUT、POST、DELETE、HEAD 和 OPTIONS 等。浏览器通过 HTTP 统一方法访问资源示意如图 2.8 所示。

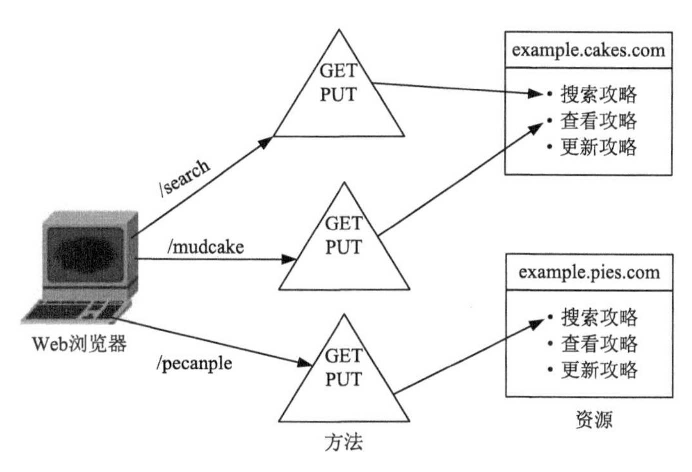

图 2.8　浏览器通过 HTTP 统一方法访问资源

在 RPC 样式的架构中，关注点在于方法，而在 REST 样式的架构中，关注点在于资源——将使用标准方法检索并操作信息片段（使用表示的形式）。资源表示形式在表示形式中使用超链接互联。表 2.1 具体比较了 SOAP Web 服务与 RESTful Web 服务的区别。

因为 REST 模式的 Web 服务与复杂的 SOAP Web 服务相比显得更加简洁，越来越多的 Web 服务开始采用 REST 风格设计和实现。例如，亚马逊 Amazon.com 提供 REST 风格的 Web 服务与传统的 SOAP Web 服务的比率为 85∶15，其中 S3 都是 REST；淘宝网的 Web 服务全部是 REST 风格，雅虎提供的 Web 服务也是 REST 风格的。

表 2.1 SOAP Web 服务与 RESTful Web 服务的区别

功能	SOAP Web 服务	RESTful Web 服务
使用的方法	方法（操作）千差万别、异构	GET、PUT、POST、DELETE
消息是否打包	是，SOAP 包	否
访问效率	低，需要频繁封包、解包	高
服务说明语言	WSDL	WADL
总体评价	重载	轻载

5. 服务计算

互联网时代就像享受服务一样进行信息的消费，计算如服务，故称服务计算[2-3]。

现代服务业的发展得益于信息技术的高速发展和广泛应用。近年来，以云计算、物联网、移动互联网、大数据为代表的新一代信息技术与传统服务业的融合创新，催生了以共享经济、跨界经济、平台经济、体验经济为代表的多种创新模式。这些创新模式的推广与应用使得服务形式更为多样、服务应用更加泛化、服务的内涵和外延也随之被不断拓展，并给现代服务业的支撑技术——服务计算带来了新的挑战和要求。服务代表了商业模式，计算则代表以信息技术为核心的实现手段，这两个词合在一起就高度浓缩了商业和技术的完美结合。

服务计算是一种面向服务提供主体和服务消费主体、以服务价值为核心的计算理论，它通过一系列服务技术的应用，借助服务载体，完成双方预先商定的服务过程，达成既定的服务目标，并最终产生或者传递服务价值。

提供主体，即服务提供者，包括人、组织以及程序、智能系统等非生物体。消费主体，即服务消费者，包括人、组织以及程序、智能系统等非生物体。服务载体，即服务提供主体和消费主体进行交互的媒介物，包括服务平台、智能工具、系统等。例如，在众筹、众包服务中，提供主体和消费主体都必须依托于服务平台，通过在平台上进行交互才能完成项目众筹和任务众包。

服务过程，即服务提供主体与消费主体就服务的内容、质量、协议达成一致后，通过双方的共同协作完成服务的过程。在服务执行过程中，服务消费主体向服务提供者进行评价和反馈，从而促成服务提供者按照服务质量协议提供服务。

服务目标，即服务提供主体与消费主体共同协作完成服务过程的目的，目标可以分为物理目标、虚拟目标、数字目标和情感目标等。

服务价值，即服务产生的价值或者效用，是服务提供主体与消费主体协作实施服务过程，在达到目标之后，传递或者产生的价值，类型可分为有形的和无形两种。

服务计算的内涵如下[4]：

（1）服务价值是服务计算的核心。它是服务提供主体与服务消费主体建立服务关系的驱动力，也是服务计算的最终结果和目标。服务价值的生成或者传递蕴含在服务模式、商业模式中，通过服务过程的实施体现出来。

（2）服务目标是度量服务计算过程的标准。服务计算的过程针对服务主体双方约定的服务目标，通过服务技术的实施和应用，利用服务提供主体的能力、资源等来满足服务消费主体的需求。服务目标指导并度量服务计算的过程。

（3）服务载体是服务计算过程的重要支撑。服务计算一方面服务于服务提供主体，使其能更好地基于服务技术实现服务的封装、发布、运维与管理；另一方面也服务于服务消费主体，使其能方便地进行服务的查询、发现和应用等。双方的交互通过服务载体这一桥梁建立服务关系，并通过在载体上的交互完成服务过程。

综上所述，服务计算是以服务及其价值提供为核心来构造、部署和运维，能求解实际问题的计算机应用。

服务计算是现代服务业的支撑，意指采用自治、开放、自描述、与实现无关的网络化构件来构造软件系统完成计算任务，同时以按需服务、按用付费的商业模式实现服务提供者和消费者价值体验过程的计算方式；Web 服务是采用 Web 方式访问的网络化构件，是服务计算的具体实现技术和落地手段。

服务计算以学科形式存在于计算领域，目前我国软件工程一级学科下属的二级学科有软件服务工程，即主要研究面向软件服务的理论、方法、技术与应用。软件服务工程也是服务计算的重要技术领域。

“服务”所体现出来的以顾客满意度为中心、无处不在/无时不在的服务、关注业务价值等思想，对传统软件产业产生了深远影响。如今软件的架构、发布与使用方式正在发生颠覆性变化，软件与服务相关技术相互融合，利用信息技术提升现代服务产业已成为社会发展的主要推动力之一。

软件和资源使用是以走进云基础设施，以服务的形式为消费者所用。服务成为接入和放大各类基础设施能力的基本途径，服务计算成就资源共享价值。近年来服务计算相关研究也多涉及基础设施上的资源共享和应用集成。“一切即服务”“大服务：资源即服务”等都是指利用互联网上可用软硬件资源，随需而变、协作应变，满足个性化多元化分布式涉众用户服务需求，我们正在走向面向服务的软件工程时代。

2.2　云计算中的服务模式

云计算指的是使用动态可扩展池来提供 IT 服务、应用和数据，可能是远程驻留的，这样用户就不需要考虑支持其需求的服务器或存储的物理位置。云计算的定义仍在演变[5]。美国国家标准与技术研究院（National Institute of Standards and Technology，NIST）目前对云计算的定义是“一种模式，可以方便地按需网络访问共享的可配置计算资源池（如网络、服务器、存储、应用程序和服务），这些资源可以通过最小的管理工作或与服务提供商交互进行快速供应和释放。”Armburst 对云计算给出了另一个类似的定义，即“通过互联网作为服务交付的应用程序，以及提供这些服务的数据中心里的硬件和系统”[6]。云计算服务可以包括软件即服务（software as a service，SaaS）、基础设施即服务（infrastructure as a service，IaaS）和平台即服务（platform as a service，PaaS）。这些服务模式从金字塔符号的分层模型的顶部开始定义，如下所述。

（1）SaaS：专注于云的最终用户，为他们提供应用程序访问，以便多个用户可以在自己的虚拟机或服务器实例中执行相同的应用程序二进制文件。这些应用程序会话可能在相同或不同的底层硬件上运行，SaaS 使应用程序提供商能够无缝地升级或修补二进制文件。SaaS 提供商的例子是 Salesforce.com，其提供客户关系管理（customer relationship management，CRM）服务，Google.com 提供服务文档、gmail 邮件服务等，所有这些都托管在云端。

（2）PaaS：专注于根据项目阶段具有不同计算需求的应用程序开发人员。服务器可以满足这些要求，这些服务器的 CPU 核心、内存和存储数量可以随意变化。这种服务器称为弹性服务器，其服务可以自动扩展，也就是说，新的虚拟机可以以最小的管理开销开始进行负载平衡。PaaS 提供商的例子有 Google 的 AppEngine、微软的 Azure、红帽的 Makara、亚马逊网络服务的 Elastic Beanstalk 和 AWS Cloud Formation 等。这些云服务提供商（cloud service providers，CSP）能够在同一物理服务器上支持不同的操作系统。

（3）IaaS：这是云堆栈中的最底层，提供对虚拟化或容器化硬件的直接访问。在这个模式中，具有给定 CPU、内存和存储规格的服务器通过网络可用。IaaS 提供商的例子有 AWS EC2、OpenStack、Eucalyptus、Rackspace 的 CloudFiles 等。

不同类型的云计算提供商定义如下[7]。

（1）公共云：公共云向全方位的客户提供服务。这种云模型的公共性质类似于互联网，即用户和服务可以在万维网上的任何地方。计算环境与多个租户共享，采用免费或按使用量付费的模式。

（2）私有云：私有云将其用户限制在选定的子集内，通常限制在给定公司内的特定组织内。私有云类似于内部网，即其服务通过组织的内部网络在内部提供。

（3）混合云：混合云提供商向定义范围狭窄的私人用户提供服务。如果需要，这些用户可以扩展到驻留在公共云基础设施上。或者公共服务提供商可以远程管理私人组织中的部分基础设施，并使用云进行备份。

混合云的一个例子是 Microsoft Azure Stack，它部署在企业中，但由外部管理。如果计算需求增加，则一些任务会迁移到外部公共云。这个过程通常称为云爆发。显然，公共云由于其更广泛的开放访问而构成了最大的安全挑战。通常当没有指定特定模型时，云计算这个术语指的是公共云。在所有模型中，客户机的使用与服务提供商的来源和位置无关。

2.3 云原生技术

云原生（cloud native）是云计算的发展方向，也就是面向“云”而设计的应用，在使用云原生技术后，开发者无须考虑底层的技术实现，可以充分发挥云平台的弹性和分布式优势，实现快速部署、按需伸缩、不停机交付等[8]。

云原生从字面意思上来看可以分成云和原生两个部分。原生就是土生土长的意思，开始设计应用的时候就考虑到应用将来是运行在云环境里面的，要充分利用云资源的优点，如云服务的弹性和分布式优势。云原生是基于分布部署和统一运管的分布式云，以容器、微服务、DevOps 等技术为基础建立的一套云技术产品体系，如图 2.9 所示。

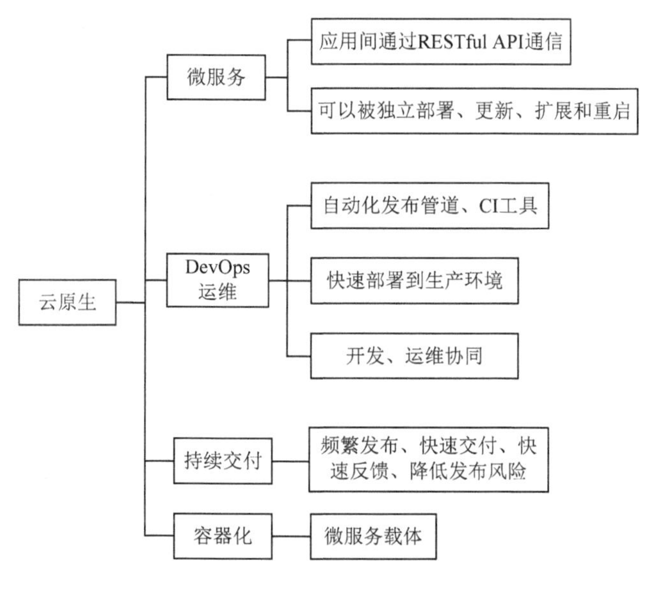

图 2.9　云原生产品体系

① 微服务　微服务是一种云原生架构方法，其中单个应用程序由许多松耦合且可独立部署的较小组件或服务组成[9]。这些服务通常具有以下特点：

- 有自己的堆栈，包括数据库和数据模型。
- 通过 REST API，事件流和消息代理的组合相互通信。
- 它们是按业务能力组织的，分隔服务的线通常称为有界上下文。

微服务和整体架构之间的区别在于，微服务由许多较小的、松散耦合的服务组成一个应用程序，与大型、紧密耦合的应用程序的整体方法相反。

② DevOps　DevOps（英文 development 和 operations 的组合）是一组过程、方法与系统的统称，用于促进开发（应用程序/软件工程）、技术运营和质量保障（quality assurance，QA）部门之间的沟通、协作与整合。

③ 持续交付　指频繁发布、快速交付、快速反馈，可以降低发布风险。

④ 容器化　容器是通过一种虚拟化技术来隔离运行在主机上的不同进程，从而达到进程之间、进程和宿主操作系统相互隔离、互不影响的技术。这种相互孤立进程称为容器，它有自己的一套文件系统资源和从属进程。

- 低成本：容器可以显著减少启动和管理的虚拟机数量。通过消除每个应用程序都需要运行一个虚拟机的需求，可以减少整体计算开销。通过减少所需硬件的数量而降低总体开销，由于容器消耗的资源更少，云服务成本也同样降低。同时云成本的节省不仅体现在减少服务器硬件和云服务中，应用环境中运行的虚拟机和操作系统减少，意味着可以显著降低软件许可使用成本。
- 持续部署与测试：容器消除了线上线下的环境差异，保证了应用生命周期的环境一致性标准化。开发人员使用镜像实现标准开发环境的构建，开发完成后通过封装着完整环境和应用的镜像进行迁移，由此，测试和运维人员可以直接部署软件镜像来进行测试和发布，大大简化了持续集成、测试和发布的过程。基于容器提供的环境一致性和标准化，可以使用 Gt 等工具对容器镜像进行版本控制，相比基于代码的版本控制来说，还能够对整个应用运行环境实现版本控制，一旦出现故障可以快速回滚。相比以前的虚拟机镜像，容器压缩和备份速度更快，镜像启动也像启动一个普通进程一样快速。

- 跨云平台支持：容器带来的最大好处之一就是其适配性，越来越多的云平台都支持容器，用户无须担心受到云平台的捆绑，同时也让应用多平台混合部署成为可能。目前支持容器的 IaaS 云平台包括但不限于亚马逊云平台（Amazon Web Services，AWS）、Google 云平台（Google cloud platform，GCP）、微软云平台（Azure）、Open Stack 等，还包括 Chef、Puppet、Ansible 等配置管理工具。
- 高资源利用率与隔离：容器没有管理程序的额外开销，与底层共享操作系统，性能更加优良，系统负载更低，在同等条件下可以运行更多的应用实例，可以更充分地利用系统资源。同时，容器拥有不错的资源隔离与限制能力，可以精确地对应用分配 CPU、内存等资源，保证了应用间不会相互影响。
- 组件商店丰富：应用容器引擎 Docker 官方构建了一个镜像仓库，组织和管理形式类似于 Github，其上已累积了成千上万的镜像。因为 Docker 的跨平台适配性，相当于为用户提供了一个非常有用的应用商店，所有人都可以自由地下载微服务组件，这为开发者提供了巨大便利。

可以简单地把云原生理解为：云原生=微服务+DevOps+持续交付+容器化。

2.4 DaaS

大数据时代已经到来，数字经济方兴未艾。网络大数据迅速增长，越来越多的企业或个人正在通过云服务交付的模式，将自身对于大数据的存储、计算与分析能力开放给第三方，通过构建数据即服务（DaaS）的形式来对数据进行更好的管理和利用。

DaaS 是一种数据交付和分发模式，其中数据通过互联网提供给消费者，它使用云作为支持通信 API 的主要技术。该模型中的数据存储在云上，可以通过不同设备的API进行访问。DaaS 能够轻松地将数据从一个地方移动到另一个地方。它还提供了易于管理、协作、全球可访问性以及不同平台之间的兼容性。此外，它还降低了维护和交付成本。DaaS 是一种数据管理策略，旨在利用数据作为业务资产来提高业务创新的敏捷性。它是自 20 世纪 90 年代互联网高速发展以来越来越受欢迎的“一切皆服务（X as a service，XaaS）”趋势下关于数据服务化的那一部分，介于 PaaS 和 SaaS 之间。与 SaaS 类似，DaaS 提供了一种方式来管理企业每天生成的大量数据，并在整个业务范围内提供这些有价值的信息，以便于进行数据驱动的商业决策。

同时，也可以将 DaaS 看作虚拟化产品形态的一种，如把计算、网络等基础设施虚拟化变成统一的服务，称为 IaaS；把数据库、消息中间件等平台化产品虚拟成统一的服务，称为 PaaS；把软件虚拟化后，称为 SaaS。同样的，把各种异构的数据进行抽象，提供面向领域的统一数据访问层，各业务使用统一的接口及语义即可访问企业所有可共享数据，而无须关注数据存储在什么地方，用的是什么数据库，这就是“数据虚拟化”。

DaaS 强调的是数据服务，侧重于通过 API 的方式按需提供来自各种来源的数据，它旨在简化对数据的访问，提供了可用于多种格式的数据集或数据流，这一目标的关键在于数据虚拟化技术的使用。事实上，DaaS 体系结构可能还包括一系列数据管理技术，除了数据虚拟化，还包括数据服务、自助分析和数据编目等。

开放数据服务 DaaS 体系结构如图 2.10 所示。我们开发和运行的各种数据共享空间共享此体系结构，包括基于对象的存储、虚拟机（virtual machine，VM）和按需计算容器，以及用于数字 ID、元数据、数据访问和计算资源访问的核心服务，所有这些都可以通过 RESTful API 获得。数据访问和数据提交门户是使用这些 API 构建的应用程序。

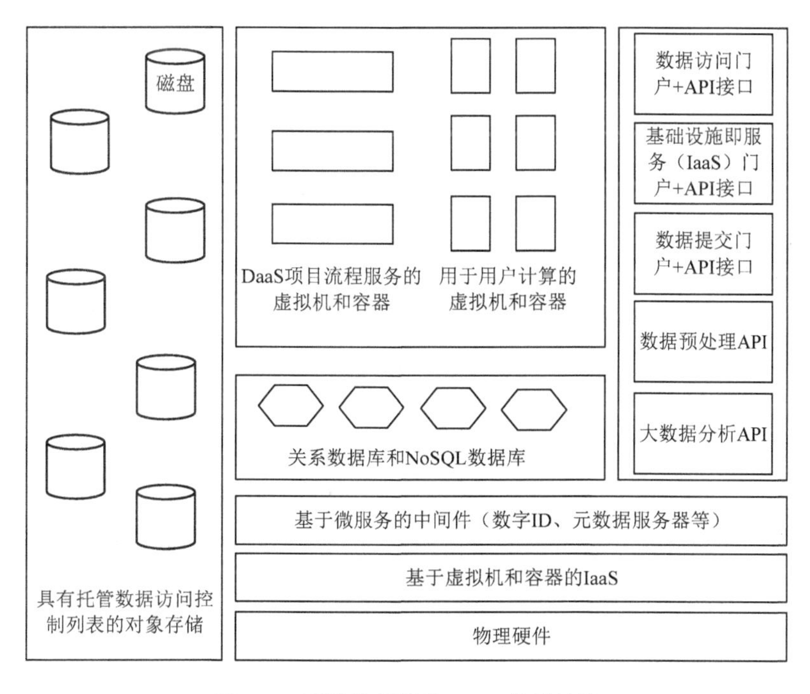

图 2.10　开放数据服务 DaaS 体系结构

从本质上讲，DaaS 为企业提供了一种利用其日益庞大和复杂的数据源提供最重要的洞察商业机会的方法。这种数据管理方法对于任何希望将数据转化为实际价值的企业来说都是至关重要的。它代表了一个巨大的机会，可以将组织的数据资产变现，并通过更加以数据为中心的业务运营和流程使企业在市场竞争中获得优势。

目前微服务、无服务器架构的兴起标志着云计算进入按需服务新时代，“无服务器计算是一种新的范例，它提供了一个平台，可以高效地开发应用程序并将其部署到市场上，而无须管理任何底层基础设施”。

全球数据总量正以指数级增长，据国际数据公司 IDC 的研究报告，2025 年中国预计将产生 48.6ZB 数据，占全球 27.8%。大数据服务是 DaaS 的升级版，其实用化依赖许多挑战性问题的解决方案，如大数据组织和表示、大数据清洗与规约、大数据集成与处理、大数据安全与隐私、大数据分析与应用，与传统统计方法可以处理的小样本挑战和问题有很大不同。

目前资源共享数据服务平台的流程如下：数据提供者生产源数据→数据清洗、转换等→发布大数据服务→数据消费者选择服务→数据资源集成（按需大数据服务、数据消费、隐私、数据确权、数据交易、数据更新、数据监管），类似数据仓库模式（图 2.11）。由于只是一个从需求出发聚合数据服务资源的单向渠道，数据资源缺乏直接联系，没有从数据消费者出发直接对接数据服务系统的共享机制以克服运行时隐私保护、数据交易、交易监管问题（图 2.11 中星号）。

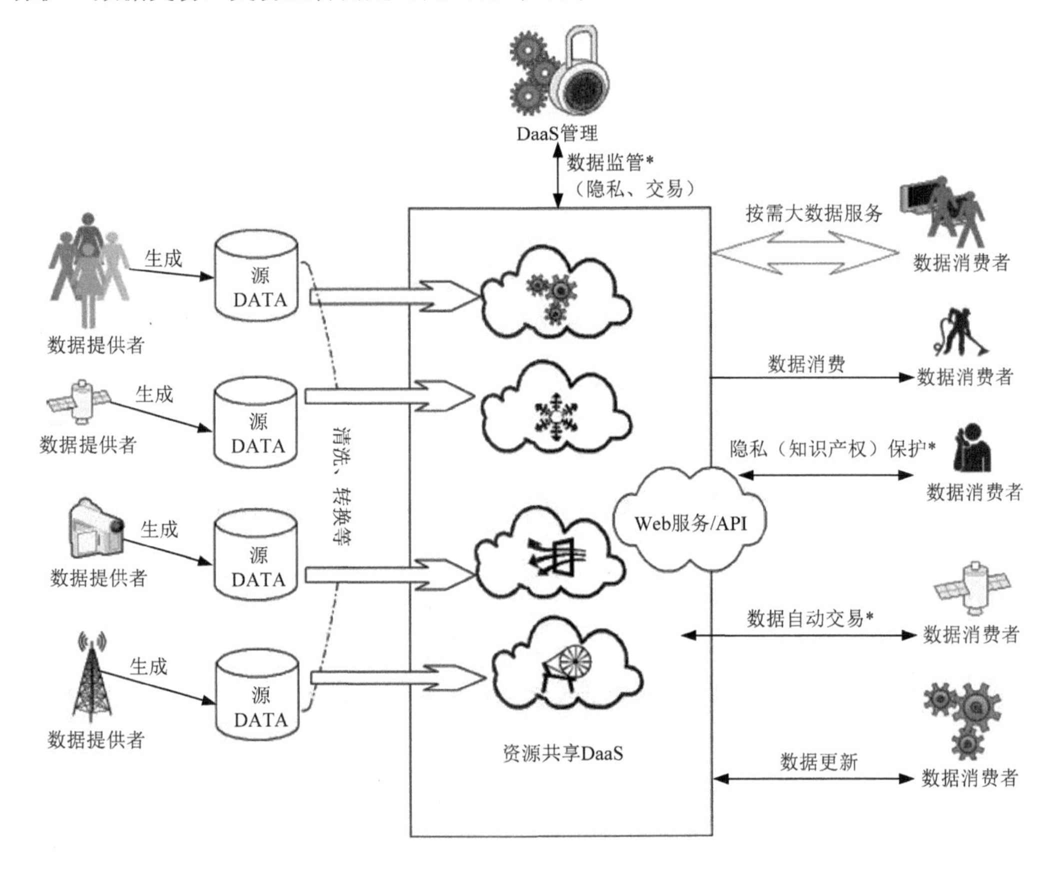

图 2.11 资源共享数据服务 DaaS 及问题

“本立而道生”。因此，建立数据服务资源的直接定制反馈通道、实现数据服务平台运行时自动数据交易能力、完善基于服务的运行时数据高效交易与监管方法，由此构建支持资源共享数据服务 DaaS 就具有现实的应用价值。

2.5 DaaS 资源共享成熟度

“数据孤岛”始终是困扰 DaaS 平台协作的难题。数据资源共享是需要数据的完全自由分享，分享是一种价值转移，没有实现交易的价值转移是不可持续的。在大数据的应用中，云计算主要为保存数据和访问数据提供场所和渠道，而数据才是真正有价值的资产。各个数据管理部门从技术和管理方面加速进行数据的互联互通，图 2.12 为数据服务 DaaS 资源共享成熟度模型，目前大多数研究进展主要集中于简单的数据共享交换或大数据交易市场，数据资源共享成熟度低、缺乏可持续性。

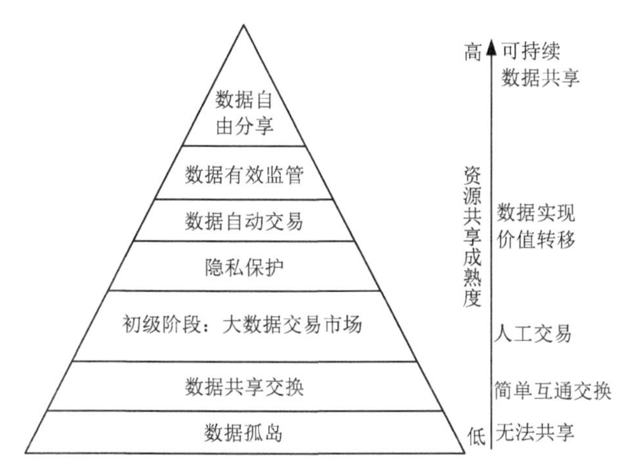

图 2.12　数据服务 DaaS 资源共享成熟度

数据共享交换采用基于“平台+应用”的框架设计模式，实现应用与技术分离、减少实际使用中各管理功能之间的耦合度，将各类大数据集成到一个平台上，进行应用、管理、维护和扩展。框架通过构建集中的数据中心，打破各业务系统间数据的条状分布制约。大数据交易的核心是数据供给方将数据交付给数据需求方的商业活动。供给方和需求方之间的对接有两种形式：其一是两者通过第三方交易平台对接，其二是供给方和需求方经由项目直接对接。当前国内提到的大数据交易活动通常意指第一类，特别是政府主导的大数据交易平台，如华中大数据交易所①、贵阳大数据交易所②和北京国际数据交易所③等。

如果数据资源共享方式仍然停留在成熟度下三层，数据资源无法自由分享，大数据蓝海价值就无法体现。区块链本身为数据交易而生，但区块链上的所有信息均向区块链参与者公开，单一数据上链势必造成区块链存储和共识算法巨大负担。如何通过区块链服务落地破解数据隐私保护难题，进而支持数据资源的在线高效率自动交易？如何完成数据交易的有效监管（溯源、存证、监控）？如何解决运行时数据交易实现的复杂度和时效性？这正是大数据共享与交易需要聚焦区块链数据服务来支持资源共享 DaaS 完成数据隐私保护与交易监管实现机理所关注的研究内容。

① http://www.ccbde.cn
② http://www.gbdex.com
③ http://www.bjidex.com

本章小结

本章重点从服务计算角度研究数据服务。首先从服务和服务计算概念开始，介绍了面向服务的软件体系结构 SOA 的概念和技术体系；2.2 节通过云计算的三种服务：软件即服务（SaaS）、基础设施即服务（IaaS）和平台即服务（PaaS），讨论了公有云、私有云和混合云三种云计算提供方式；2.3 节从期望云计算实现快速部署、按需伸缩、不停机交付等要求出发，引入云原生的概念和技术特点；2.4 节就数据服务 DaaS 展开探讨，介绍了资源共享数据服务 DaaS 及问题设计数据服务 DaaS 的体系结构；2.5 节介绍数据服务 DaaS 资源共享成熟度模型，并结合数据服务 DaaS 资源共享成熟度模型提出为提升其资源共享成熟度需要着重考虑诸如数据隐私保护与交易监管实现机理等核心问题，由此为后续章节的研究内容展开提供思路。

主要参考文献

[1] 李银胜，柴跃廷．面向服务架构与应用[M]．北京：清华大学出版社，2008.

[2] 吴朝晖．现代服务业与服务计算：新模型新定义新框架[J]．中国计算机学会通信，2016，12（4）：57-62.

[3] 文斌．Web 服务开发技术[M]．北京：国防工业出版社，2019.

[4] 喻坚，韩燕波．面向服务的计算：原理与应用[M]．北京：清华大学出版社，2006.

[5] ETER M. The NIST definition of cloud computing[J]. ACM Queue: Architecting Tomorrows Computing, 2010, 8(5):6-7.

[6] RMBRUST M, FOX A, GRIFFITH R, et al. A view of cloud computing[J]. Communications of the ACM, 2010, 53(4): 50-58.

[7] SEHGAL N K, BHATT P C. Cloud computing[M]. Heidelberg: Springer, 2018.

[8] 彭锋，宋文欣，孙浩峰．云原生数据中台：架构、方法论与实践[M]．北京：机械工业出版社，2021.

[9] 蒋彪．Docker 微服务架构实践[M]．北京：电子工业出版社，2018.

第 3 章　分布式协作平台：区块链

本章主要内容

- ➢ 区块链技术的特点；
- ➢ 区块链的分层体系结构模型；
- ➢ 区块链的分类；
- ➢ 区块链作为分布式协作平台。

人类社会正常运转离不开价值交换或交易。区块链技术是实现由目前的内容互联网到未来的价值互联网的变革的一种可行技术。区块链的实质是在密码学基础上的分布式共识计算平台，也可以称为分布式密码共识计算。可以把区块链看作一个大规模的协作平台，任何有多方参与、需要流程管理实现价值交换（交易）与转移的场景都适用于区块链计算平台解决。

3.1　区块链技术的特点

区块链技术也称为分布式记账技术。众所周知，“记账”就是按时间的先后顺序，将个体、公司、组织等在一定时间内所发生的收入和支出全部记录下来，供查阅者翻阅查看的行为。区块链系统可以视为带密钥的分布式和自动式记账账本，其核心是系统中每个节点都有一份一模一样的账本，这些账本记录了系统所有发生的交易，并且能自动将新的交易数据添加到每个节点的账本中[1]。

区块链是按照时间顺序、将数据区块以顺序相连的方式组合成的链式数据结构，并以密码学方式保证的不可篡改和不可伪造的分布式账本。广义区块链技术是选择块链式数据结构验证与存储数据，利用分布式节点共识算法生成和更新数据，依靠密码学的方式保证数据传输和访问的安全，运行由自动化脚本代码组成的智能合约进行编程和操作数据的全新分布式基础架构与计算范式。

区块链技术是基于分布式存储、对等（peer-to-peer，P2P）网络、非对称加密、共识机制、智能合约和可溯源等多技术融合的分布式计算平台。在传统的记账过程中，存在着诸多基于信任问题的缺陷，导致传统账本存在大量问题，如偷账、漏账等。在中心化系统中，账本的记账权取决于记账的某个人的诚信守则，记账人如果篡改了账本，则很难发现并且及时地追查记账人的责任。和传统记账方式相比，区块链账本是多点同时记账，依靠共识机制进行确认，单个节点难以篡改账本记录。区块链中的信息是公开的，引入了分布式结构，其每个节点中都存在数据备份，所有用户共同维护这个账本，信息就很难篡改。在时间戳的机制下，每笔账都存在着时间印记，即使某个用户篡改了，也能及时地发现并且进行纠正。

2008 年 11 月 1 日，一位网名为中本聪（Satoshi Nakamoto）的用户在密码朋克社区上发表了比特币白皮书《比特币：一种点对点的电子现金系统》（Bitcoin: Peer-to-Peer Electronic Cash Systen），将之前点对点网络、分布式记账、密码学、分布式存储等技术进行融合，设计了比特币这一虚拟数字货币系统。在之后的两年里，比特币的影响力迅速上升。但是此时的区块链并未引入智能合约技术，无法在区块链上运行程序，仅仅是用于防篡改的记账功能，其作为分布式协作平台的商业价值并不大。2014 年随着以太坊（Ethereum）区块链的到来，其包含图灵完备的智能合约虚拟机 EVM（Ethereum virtual machine），在区块链计算平台上引入了智能合约，才有了现代区块链技术的雏形。

区块链计算平台按照参与用户可分为私有链、公有链、联盟链。公有链是去中心化的区块链系统，以太坊是目前公有链的代表，特点是由全世界的用户共同维护，并且可以将数据上链。但是公有链也存在着不足，区块链用户来自全世界，如果不需要那么多用户参与，仅仅是企业、组织之间的交易而去维护内部的数据，区块链用户很多就是冗余和重载的。此后，在公有链的基础上，出现了联盟链，其技术特点类似于公有链，只是将用户节点的范围从所有用户转变为只涉及参与方的个人、组织、企业[1-2]。

3.1.1 分布式存储技术

分布式存储技术（图 3.1）是一种数据存储技术，它通过网络使用分布式系统中的每台机器上的存储空间，并将这些分散的存储资源构成一个统一的虚拟存储设备。在物理上看，数据虽然分散存储在分布式系统的不同计算机中，然而对于用户而言，数据如同存储在同一个计算机系统的存储空间里。

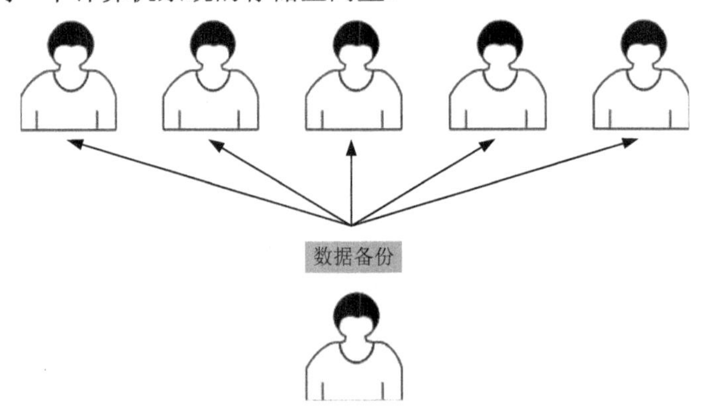

图 3.1 分布式存储技术

区块链上的分布式存储并不是传统意义上的分布式计算，传统分布式计算是将海量数据分散到各个处理器上，这之间并不存在交集。但是区块链上的分布式存储，是将一套数据重复备份到每个 PC 端进行存储。正是因为引入了这种分布式存储技术，才让区块链获得了不可篡改的特性。因为数据冗余备份在分散的全节点中，如果想要篡改，就要修改每个端的数据，这个难度很大，几乎不可实现。所以，分布式存储技术是实现区块链不可篡改的一项重要的技术。但是区块链上的分布式存储带来的数据冗余也是很大的，一份数据备份到多台计算机上，需要很大的存储空间。

3.1.2 P2P 网络

P2P 网络（图 3.2），即对等网络，是一种在对等者之间分配任务和工作负载的分布式应用架构，是对等计算模型在应用层形成的一种组网或网络形式。P2P 网络使得分布式技术得以应用。数据在网络的传输过程中，不是从一端到另外一端的直线到达，而是在网络中进行广播，数据从一个节点广播到另外一个节点时获取数据的节点进行数据备份，并将数据广播给下一节点。正是由于 P2P 网络这一特性，使得数据在网络中传输速度变快，也使得各个节点在第一时间能获得从发送方传输过来的数据。在系统产生新的区块的时候，全网便可以在最短的时间获取目标 hash（散列）值并进行计算——“挖矿”。在某一计算节点“矿工”记账结束后，将新的账本数据广播到网络中，这样使得每个节点能在最短的时间内进行数据备份和校验。“扩散”形式的数据传播使得网络的负载很大，也就意味着网络中提供的资源越多，下载的速度也就越快。网络中某一节点出现故障，并不会影响整体网络。P2P 网络具有非中心化、可扩展性、健壮性、高性价比、隐私保护等特性。

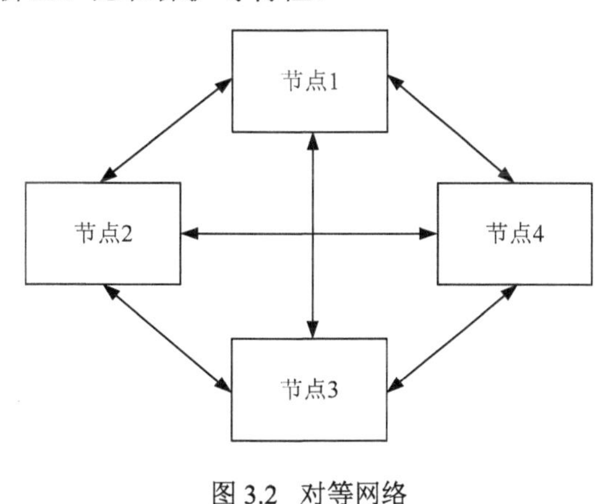

图 3.2 对等网络

3.1.3 非对称加密

非对称加密（图 3.3）是密码学中的一个重要的加密算法，特点是用私钥加密、公钥解密。在实际运行中，发送方会将数据用自己的私钥进行加密，因为私钥仅仅保留在发送方自己的手中，而且唯一。在 P2P 网络中，发送方会将公钥广播到网络上的所有节点上，当接收方接收到发送方发送过来的数据时，用广播中获取的发送方的公钥去验证数据的发送者就是所需要的发送方，从而保证数据的可靠性。非对称加密相对于对称加密，安全性大大提高，但随之付出的代价就是传输效率没有对称加密高。常见的非对称加密算法有 RSA 和 ECC 椭圆曲线。RSA 中，明文、密钥和密文都是数字。

椭圆曲线 ECC 是 1985 年由 Neal Koblitz 和 Victor Miller 分别独立地提出的，它的优势主要是在某些情况下相比于其他算法使用更小的密钥，比 RSA 有着更高的算法等级。

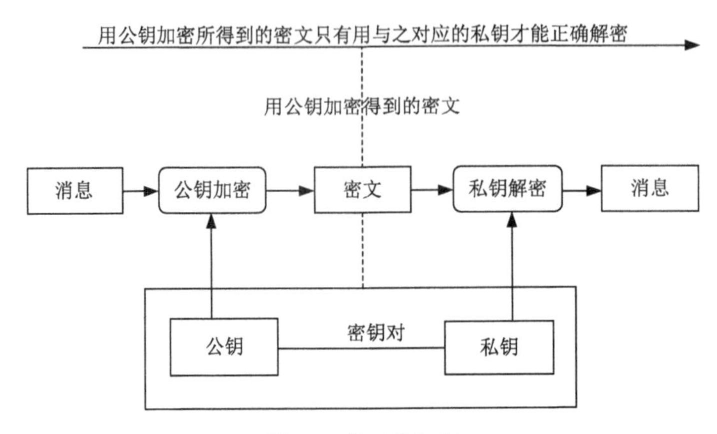

图 3.3　非对称加密

3.1.4　共识机制

区块链的集体维护主要指区块链系统在共识机制的作用下，激励新节点不断加入系统，并集体参与系统的维护和运作的特点。每一个区块链都会有一套共识机制，用来使众多互不相识的节点达成一致。

具体来说，共识机制激励系统中的节点在参与系统运作时，令遵循这套机制的节点获得利益最大化，不遵循甚至“作恶”的节点则会付出较大代价而得不偿失。因此，区块链系统在没有单一机构的运作和管理下，依靠共识机制就能让系统自我运作起来，具备集体维护的特征。

区块链中使用的共识机制主要是工作量证明机制（proof of work，PoW）和权益证明机制（proof of stake，PoS）。在比特币、以太币这些虚拟货币交易过程中，会选取一些节点进行记账，然后由这些节点广播给其他节点，然后系统会给这些节点奖励一些数字 Token，如比特币或者以太币。PoW 在 1993 年提出，旨在解决垃圾电子邮件，1997 年正式称为“工作量证明”，在 2009 年之前并未得到广泛的使用，随着比特币的诞生，PoW 进入了大众的视野。PoW 是基于计算节点算力来争夺记账权，系统会在 10 分钟出一个块，然后会出一个 hash 值，各个节点将根据计算产生的 nonce（随机值）和区块头拼凑出新的 hash 值，如果拼凑出的 hash 值比系统给的 hash 值要小，那么第一个拼凑出来的就赢得了记账权，同时获得奖励。PoW 虽然在提出时保证了公平，因为每个用户都可以用自己的计算机资源计算 hash 值并且获取记账权，但是随着后面大量专业矿机、矿场的出现，普通用户根本无法与专业的计算节点进行争夺记账权。分布式共识算法如图 3.4 所示。

因为面向 PoW 的专业计算机的计算能力要比普通计算机强很多，可更早地计算出 hash 值。随着专业矿场的出现，由多家矿机机构共同挖矿，如果某一矿机得到了所需的 hash 值获得了比特币或以太币奖励，那么各个矿机主根据自己的运算程度来平分获取的虚拟货币。由于 PoW 太过于浪费资源，如完成一次比特币交易，其电量可供一个普通家庭使用 5.5 天。PoS 不是通过暴力计算的方式选举记账人，而是通过“保证金”的方式。先由节点向网络中存入一定量的数字 Token 作为权益，存入数量最多的人将获取记账权。此种方法也存在不公平的现象，就是拥有更多货币的人将更有可能获取记账权。不管是 PoW 还是 PoS，都存在一定的风险，逃不出“51% attach”定律，即如果一个计算节点掌握了 51%的算力或者拥有了 51%的数字 Token，那么其基于此就能够每次都获得记账权。

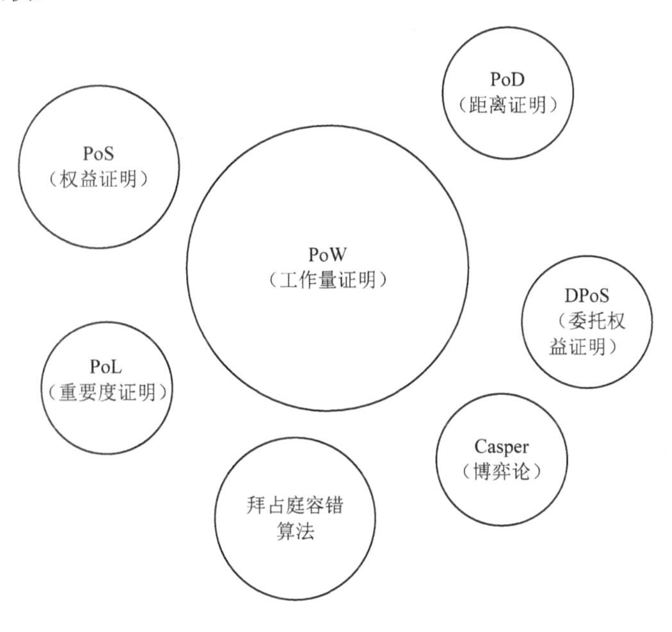

图 3.4　分布式共识算法

3.1.5　智能合约

智能合约（smart contract）是一种旨在以信息化方式传播、验证或执行合同的计算机协议。基于区块链的智能合约程序可以减少对受信任中间人的需求，降低仲裁和执行成本，有助于规避欺诈和意外损失。

智能合约这个术语 1995 年由多产的法律学者 Nick Szabo 首次提出，是一套以数字形式定义的承诺。因此，智能合约的执行系统需要具有公开透明、可追溯、不可篡改、自动执行的特点，并且在合约执行过程中对于外部数据的依赖程度较低。

智能合约在以太坊项目中首次被使用到区块链上。正是由于智能合约的提出，区块链才具备了可编程性（图 3.5）。在此之前，区块链技术仅限于创建数字 Token 的作用。应用智能合约，可以将合约程序部署到区块链上。由于区块链的不可篡改性，而且代码完全公开，因此合约程序必须具备让所有节点执行的特点。

智能合约是将传统的协议以程序的形式呈现，实现将规定好的步骤以代码的形式上链，同时需要消耗一定量的资源——gas 费。常见的合约部署工具软件有 Remix、Webase 等，这些工具软件使得合约的部署变得简易、可操作性强。要执行一个合约，首先要选择一种语言编写合约。目前使用最多的智能合约编程语言为 Solidity。它是一种类似“面向对象”的高级编程语言，支持复杂算法的编写，通常在专业的集成开发环境（如 Remix）中使用。

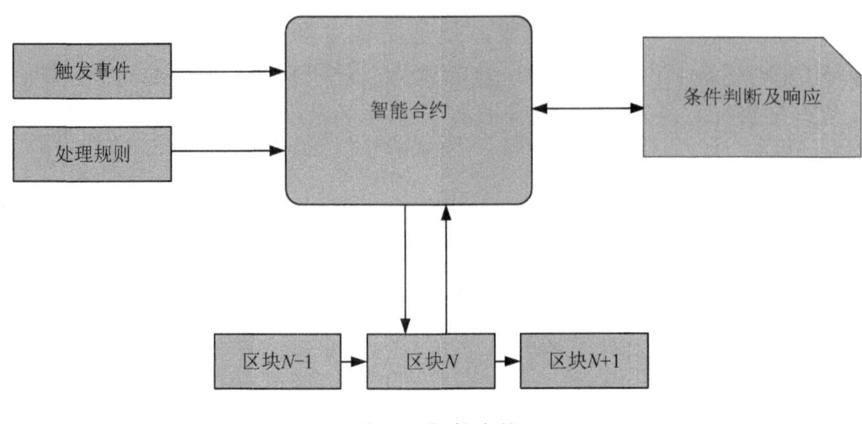

图 3.5　智能合约

3.1.6　可溯源

区块链信息的可溯源性来源于区块链数据结构的特殊性。区块链系统为带密钥的分布式和自动式记账账本，其特点是多点同时记账，依靠共识机制确认，单个节点难以篡改账本记录。因此，可溯源性就成为区块链本身的一项重要技术特性。正是由于具有这个特性，区块链技术目前正使用在医药、农产品等安全相关领域中。将所需要的重要历史数据进行上链，通过区块链保证数据的实时可监控，用户可以追溯到任何时刻产品的状态。区块链的不可篡改保证了数据的真实性，其时间戳机制保证了数据的可追踪。在区块链上链产品信息出现问题时，通过可溯源性可以查证责任，保证了消费者的合法权利和产品的生产质量。

3.2　区块链分层体系结构模型

区块链的体系结构主要可分为五层，包括数据层、网络层、共识层、合约层和应用层。其中，数据层定义了区块链的数据结构，如链式结构、梅克尔（Merkle）树等，并借助哈希函数、数字签名等密码学相关技术来保证数据的安全性和可溯源。网络层定义了区块链节点的组网方式、信息传播协议以及信息的验证过程。节点收到的交易或产生的区块将通过网络层传递到全网所有节点，天然地形成了数据冗余备份，可以有效解决单点故障问题。共识层建立在网络层之上，是区块链去中心化和数据可信的基础，其中主要定义了交易和区块数据经过网络层传输协议到达各个节点后，如何通过运行共识算法来实现节点间状态的一致性。合约层往往建立在共识层之上，主要定义了智能合约的编写语言和执行环境，由于共识层保证了节点间数据的一致性，因此节点在执行智能合约时，其对状态数据的读、写操作也将得到一致的结果。应用层则在合约层的基础上使用服务端、前端和 App 等技术对交易的生成和交互过程进行封装，并通过设计友好的用户操作界面来拓展区块链技术的应用场景。具体的分层体系结构模型如图 3.6 所示。

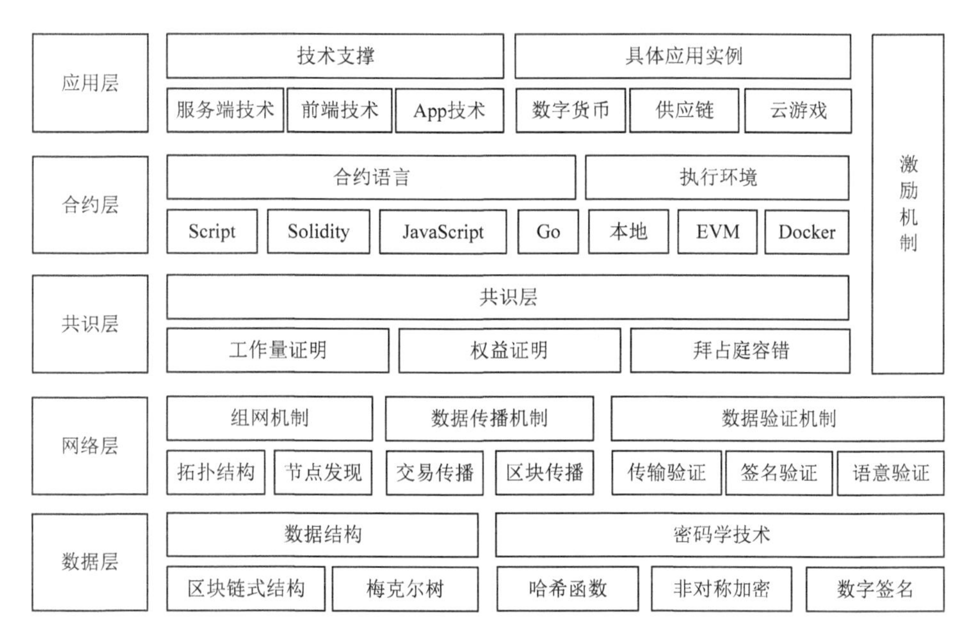

图 3.6　区块链分层体系结构模型

3.2.1　数据层

数据层位于区块链技术体系结构的最底层，用于实现数据存储和保障数据安全。数据存储主要指使用梅克尔树组织区块内数据（图 3.7），并使区块保持链式结构关联。数据安全则主要是指利用非对称加密算法和哈希算法，保证区块链数据不可篡改。

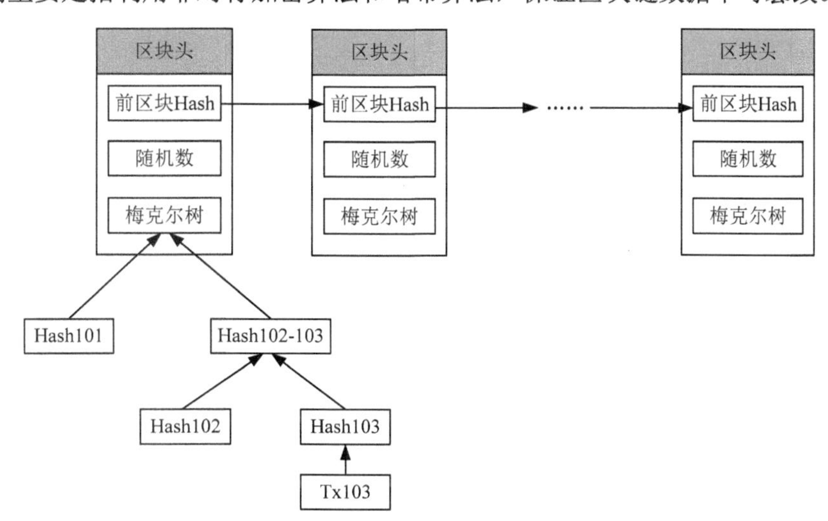

图 3.7　区块链数据层存储结构示意图

3.2.2　网络层

网络层处于数据层之上、共识层之下，用于完成节点间交易数据和区块数据的广播和同步，是区块链得以稳定运行的基础。网络层泛指区块链系统的整个网络通信层，区块链数据通过网络层传播进行校验、存储等。网络层主要实现组网、传播与校验功能。

1. 组网机制

使节点间形成一个通信网络，并允许节点动态加入和退出。

2. 数据传播机制

基于 goosip 等协议实现交易数据和区块数据在节点间快速广播和同步。

3. 数据验证机制

避免产生“双花”攻击等问题，保证数字资产的正常流转。

区块链的网络层核心是 P2P 技术。区别于传统的 C/S（client/server，客户/服务器）结构，P2P 网络中的每个节点都具有对等地位，既能充当网络服务的请求者，又能对其他计算机节点的请求做出响应，单一或少量节点机器配套通信设备的故障不会影响整个网络的服务提供。

例如，区块链计算平台中的超级账本 Hyperledger 项目，由 Linux 基金会在 2015 年 12 月主导发起，其网络层节点分为 Orderer 节点和 Peer 节点。Peer 节点又可以具体分为记账节点、锚节点、背书节点、主节点。超级账本的网络层采用混合式结构，即 Orderer 节点之间采用纯分布式实现，而主节点和锚节点在 Peer 节点里类似于中心服务器。图 3.8 为超级账本项目的网络层表示。

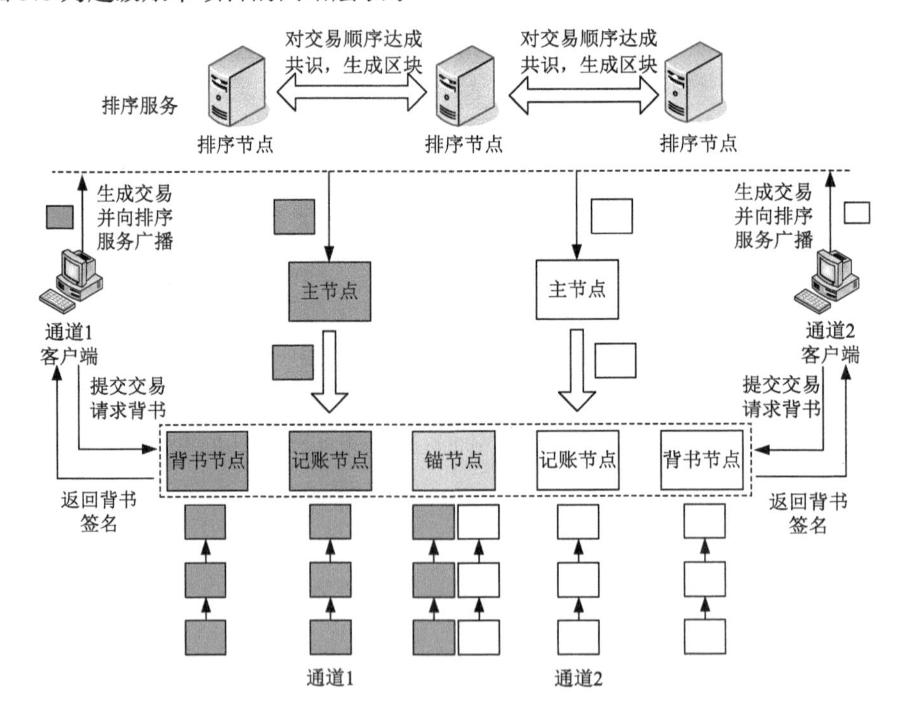

图 3.8　超级账本项目的网络层

3.2.3　共识层

共识层主要由共识机制组成，为系统的可用性提供保障。区块链系统作为一个分布式系统，其正常工作的核心问题是如何保证所有节点中的数据完全相同，并且能够对某个提案达成一致。在分布式系统中存在一定数量错误节点的情况下，整个系统仍然可对某个“知识”达成共识，保证了交易账本数据的一致性和容错性。

共识层包含各种共识算法，负责实现区块链各个账本的一致性，即不同节点数据的一致性。区块链计算环境中网络攻击时有发生，主要解决问题是分歧出现时，就需要在一致性、可用性和分区容错性三个特性中做出权衡，以选择出最适合场景的算法。

1. 一致性

对于一个分布式系统，一致性要求其在进行任何操作时，与在单一节点上进行操作一样，即任意时刻分布式系统中各节点的状态信息以及对同一请求的执行结果都是一致的。

2. 可用性

分布式系统在收到用户的请求后，必须给出相应的回应，不能让用户陷入无限等待过程中。

3. 分区容错性

分布式系统容忍其中部分节点出现分区，当分区出现时，一个区域内节点发往另一个区域节点的数据包将会全部丢失，即区域间无法进行通信。

3.2.4　合约层

如果说区块链的数据层实现了区块链系统的数据存储、网络层实现了区块的消息广播、共识层实现了各个分布式账本的状态一致，那么合约层则用于实现复杂的商业逻辑。合约层的名称来源于日常生活中使用的合约，它表示特定人之间签订的契约。

借助区块链在分布环境下能对未知实体之间建立的信任关系，智能合约已成为一种使未取得彼此信任的各参与方具有安排权利与义务的商定框架。

合约程序作为当事人之间的承诺，需要以不可改变的形式发布到区块链中，以便满足合约执行的公正性。部署后的合约在条件满足时将被自动执行，执行过程需要读取区块链中的数据及运行状态，并将执行结果和新的运行状态写入区块链中。随着智能合约技术的发展，智能合约不仅仅是区块链上的一段可执行代码，更是构建在区块链上包含智能合约语言、运行环境、执行方法等的一个完整系统。

3.2.5　应用层

区块链系统的应用层封装了各种应用场景和案例，其概念类似于 PC 端的应用程序，以分布式应用为主要表现形式。这些应用部署在区块链的平台上，并在现实中落地。

区块链的应用层（图 3.9）位于区块链体系结构的最上层，它将合约层的相关接口进行封装，并设计友好的用户界面（user interface，UI）和调用规范，从而让终端用户能够快速地搭建各类去中心化可信任应用服务，为实现价值的转移提供可能。基于区块链的各种应用都处于这一层，如数字货币、云游戏、区块链浏览器等。

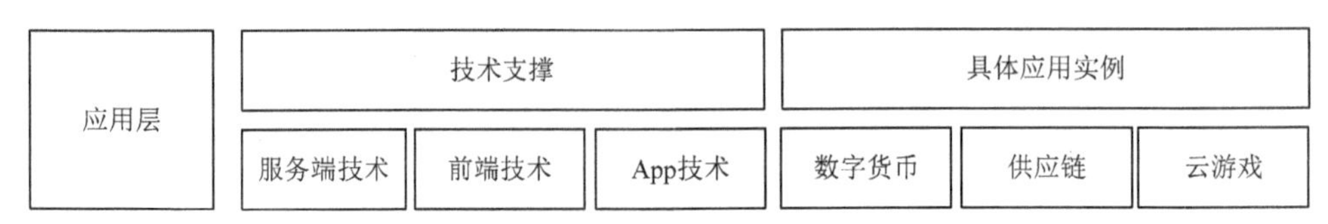

图 3.9 区块链的应用层

3.3 区块链计算平台的分类

区块链计算平台按照参与用户可分为私有链、公有链、联盟链。区块链计算平台的分类如图 3.10 所示，其中，私有链限于在企业内部或者个人、组织之间，有特定的用户群体，如某些公司内部的区块链或者自己搭建的内部测试链，相关节点只有在许可认证之后才能加入。私有链的优点是安全性能高，数据传输速度快，隐私保障好，交易成本较低。缺点是无法进行大规模的交互，只能在网络内部进行交互，常常用于公司内部的数据管理、审计等金融场所。目前典型的应用是央行开发的数字货币区块链，这个链只能由央行进行记账，个人无法参与。阿里、百度等一些大型互联网公司也有涉及，主要侧重在数据安全、供应链等行业。

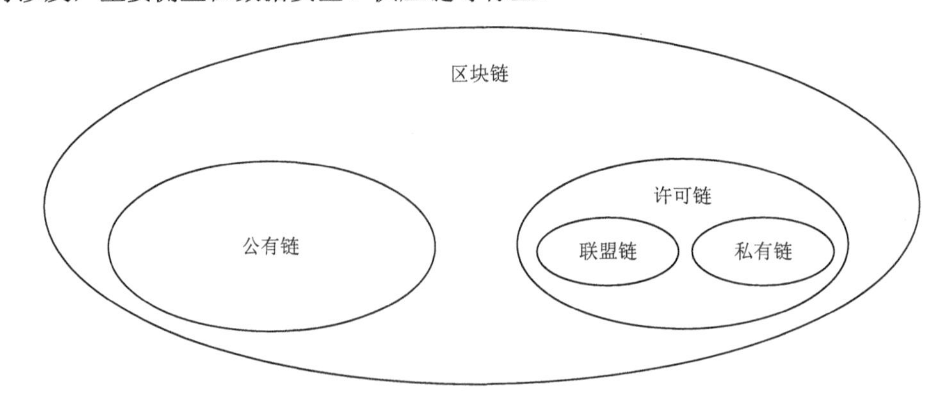

图 3.10 区块链计算平台的分类

公有链通常不设置准入门槛，对所有人开放，任何人都可以自由访问公有链的数据，参与公有链的共识，并在公有链上创建应用，这也是“公有”的由来。目前公有链可以运用在数字资产等场景，如比特币、以太坊等。

公有链的用户范围扩展到了全部联网用户，是三种链中去中心化程度最高的，只要有计算机以及网络，名义上任何用户都可以参与，访问门槛低，数据向所有用户公开而且匿名性高。在传输过程中使用的是非对称加密，传输性能相对于对称加密较低，交易成本相对较高，有实际节点参与计算——“挖矿”，需要消耗一定量的资源——gas 费。在直接点对点之间交互，如资产登记注册、发行、投票、资产管理等，在产品溯源、数字身份、内容版权、物联网等场所也有涉及。由于面向全世界的用户，导致公有链市场会与违法行为联系，如“洗钱”、“毒品交易”和“腐败”等。公有链的公开透明使得其不太适合那些对数据隐私、商业机密要求较高的场景，更适合对信任、安全和持久性要求较高的场景，如用户对自主数据的控制、可信的商品溯源记录。公有链的应用也不局限于金融场景，还包括防伪溯源、数字身份、内容版权、物联网等。

联盟链服务于符合某种条件的成员组成的特定联盟，是由联盟成员进行管理的区块链。其具有半开放的网络，只有经过认证许可的可信节点才能加入、退出网络；具有受控制的读写权限，只有特定权限的链上节点能发布和访问交易，只有一部分拥有权限的可信节点才能参与该联盟链的共识和记账。

联盟链没有通过激励机制实现系统自治的强烈需求，各联盟链根据自身需求自主选择增加激励系统，由联盟内部进行管理，需要有认证的节点才可以加入、退出网络，参与方可信度高。严格上也属于私有链的一种，但是私有的程度相对于私有链有了大幅度的提高，而链上的维护节点来自这个联盟的企业或者公司，记录与维护数据的权利掌握在联盟公司的手中。采用联盟链的主要群体有银行、证券、保险、集团企业等。联盟链并不像公有链一样数据完全开放，弱化了去中心化是它的一个弊端。目前联盟链的主要项目是超级账本，目前有荷兰银行、埃森哲等十几个利益集团加入。联盟链可以满足其需求，简化业务流程。联盟链在具体实现上相对于私有链更为复杂。

私有链服务于特定企业、组织或个人，是由该企业、组织或个人进行管理的区块链。其具有相对封闭的网络，只对指定实体或个人开放，只有相关节点在许可认证后才能加入、退出网络。与联盟链不同的是，私有链节点均属于同一企业或组织，节点之间信任程度更高，并且私有链共识范围更加狭窄，甚至可以仅由单高性能节点进行记账。私有链在三类区块链中分布式程度和信息公开程度最低，因此其性能最高，隐私性最强且交易成本最低。由于私有链较为集中的权限控制与管理并非真正的分布式系统，其一般只应用于企业内部，主要应用于数据管理、审计等金融场景。

底层运行机制方面，三种链的结构类似，但是在实际运行时三种链之间还是有一些不同。这种不同之处主要体现在应用场景不同，以及是否有虚拟数字货币之间的交易功能。

不管是私有链、公有链还是联盟链，其底层技术架构都是区块链分布式计算模型，只是根据区块链的应用场景不同进行了相应的划分。区块链技术的发展从单纯的数字货币应用发展衍生出如以太坊、超级账本、Fisco Bcos 等一系列具体应用。目前的区块链应用技术对底层已经做了极大的封装，只需要调用相应的接口或服务便可以创建相应应用链和部署智能合约，这种封装对操作者来说是极其友好的[2]。

3.4 区块链作为分布式协作平台

3.4.1 分布式协作平台

区块链本质上是一个实现多方参与、价值交换（交易）与转移功能的分布式协作平台。可信、不可篡改、可溯源等特性使区块链技术成为协作平台的信任基石，巧妙地解决了众多领域数据源不可信、易篡改等问题。

作为分布式协作平台，区块链的应用方式从其诞生开始经过了三个发展阶段[1]：

第一个阶段是以比特币为代表的点对点支付时代，主要实现高效率、点对点的支付过程，其主要应用场景包括支付、流通等。

第二个阶段是以以太坊为代表的智能合约时代。区块链与智能合约相结合，实现在区块链上部署应用程序，包括可编程金融、分布式应用（decentralization applications，DApps）等落地。

第三个阶段是“区块链+行业应用”的时代，即把区块链应用拓展到各个行业场景，以实现具体行业应用落地为目标，解决行业痛点，服务经济发展和社会进步。

分布式协作是未来发展的方向，分布式业务共识作为分布式协作的基础，其实质是借助分布式智能系统，在共识算法的分配中完成每个节点特定的任务。虚拟机（virtual manufacturing，VM）就是一个典型的分布式智能系统，或者说是分布式AI（人工智能）的低级形式。分布在全网上的各个节点通过与 VM 的直接交互来达到交易的目的。VM 执行交易的机制是预先得到全网共识的智能合约（代码库），这也是一个行业生态中最简单的业务共识。VM 运行的方式是通过算法，完成链上具体的交易任务。目前区块链的主要运作方式是通过业务共识来达成数据自动交易、同步交易信息，节约交易者时间，优点是数据不可篡改，抗抵赖性和方便追责，同时降低资本市场穿透式监管的成本[3]。

但是区块链技术也有以下缺陷。

（1）数据来源的真实性依然要借助中心化的平台进行背书。例如，股票交易数据的真实，依然要借助中心化的传统证券交易所，所以并不能彻底解决节点间的信任问题。

（2）数据交易的时效性问题。高时效的交易能力是区块链数据服务支持高可用数据隐私保护与交易监管实现机理必须要解决的问题。

（3）仅能够做到数据留痕，无法利用数据进行系统训练，更好地改进业务质量。

3.4.2 应用场景

以区块链为基础的分布式协作平台，提高了用户参与的积极性，同时也保证了链上的分布式应用数据的真实、有效、可追溯。区块链技术不仅保护了数据，也让数据变得透明。区块链本身可以作为分布式存储，自然也可以作为相互协作、共同维护的分布式协作计算引擎。因此，区块链在众多领域得到了应用（图 3.11）。

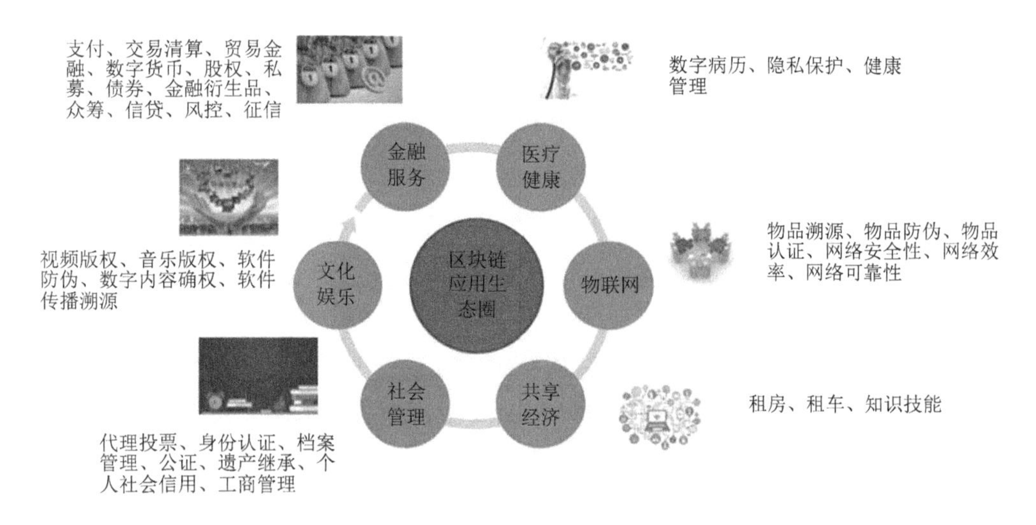

图 3.11　区块链应用场景

农业方面，食品安全关系到亿万人民的生活质量问题。利用区块链去中心化、公开透明、数据不可篡改、数据共享、点对点传输等技术特点，农场、农户、认证机构、食品加工企业、销售企业、物流仓储企业、农产品批发市场等加入联盟链上，每个关键节点上的信息整合在一起形成一个信息和价值的共享链条，做到来源可查，去向可追溯，责任可追究。这样极大地方便了有关部门的监管，食品安全问题得到有力解决[4-5]。

金融方面，区块链技术在数字货币、供应链金融、贸易融资、支付清算等细分领域都有具体的项目落地。区块链的分布式共识，让用户低门槛地参与，为数字货币的发展提供良好的平台。一般供应链贸易中，从原材料的采购、加工、组装到销售的各企业间都涉及资金的支出和收入，而企业的资金支出和收入是有时间差的，这就形成了资金缺口，多数需要进行融资生产。供应链所有节点上链后，通过区块链的私钥签名技术，保证了核心企业等的数据可靠性；而合同、票据等上链，是对资产的数字化，便于流通，实现了价值传递。借助核心企业的信用实力以及可靠的交易链条，为中小微企业融资背书，实现从单环节融资到全链条融资的跨越，从而缓解中小微企业融资难问题。

医疗方面，电子病历是区块链与医疗相结合最成功的案例。数据上链，医疗数据共用可实现跨医院医治，避免重复的检查及开销。引入区块链，医疗数据实现数据上链、链上共享，为跨医院治疗提供便利。区块链的数据加密保证患者的隐私安全，医疗支出大大降低[6]。

版权方面，传统版权鉴定流程复杂、登记时间长、费用高，且公信力难以得到保证。数字版权与区块链结合不仅简化流程，更加安全可靠。区块链将作品名称、权利人和登记时间等核心信息生成唯一对应的数字指纹，并将数字指纹封存于不可篡改的区块链数据中，实现版权信息的永久存证，以技术公信力和可信度对版权进行确权。每一个作品的权属信息在区块链网络中生成唯一的、真实的且不可篡改的存在性证明。这一证明将通过整个区块链系统的可靠性为其背书，作为作品的权属证明。

征信管理是一个巨大的潜在市场，也是目前大数据应用最有前途的方向之一。目前与征信相关的大量有效数据主要集中在少数机构手中。由于这些数据太过敏感，往往会被严密保护起来，进而形成很高的行业门槛。通过区块链技术，可在保证交易数据真实性和安全性的基础上，提高征信数据交易的效率，为解决目前我国征信业所面临的问题提供新的解决思路。

本章小结

本章从区块链作为分布式协作平台的角度系统阐述了区块链计算平台的特点和典型应用，介绍了我们对于区块链技术的特点、区块链计算平台的分层模型、区块链计算平台的分类以及区块链作为分布式协作平台的认识。作为分布式协作平台，区块链技术使得参与计算各方变得全方位化、非中心化。

虽然区块链技术有很大的优势，但是作为一项新兴的集成技术，也有不足之处，如隐私保护、数据冗余、执行效率等。虽然采取分布式存储方式，但是链上数据并不是分散地存储到每台计算机上，同时每一次上链操作都需要支付相应的资源费用。

主要参考文献

[1] 陈钟，单志广. 区块链导论[M]. 北京：机械工业出版社，2021.

[2] 代闯闯，栾海晶，杨雪莹，等. 区块链技术研究综述[J]. 计算机科学，2021，48（S2）：500-508.

[3] International Business Machines Corporation. Providing data to a distributed blockchain network: US15499432[P]. 2020-02-25.

[4] 黄玥. 区块链技术在农产品溯源分析中的应用[J]. 数字技术与应用，2021，39（11）：70-72.

[5] 刘佳琦，游新冬，吕学强，等. 区块链技术在食品溯源行业的研究[J]. 食品工业，2021，42（11）：273-277.

[6] 袁元，徐新. 区块链技术与医疗健康大数据应用融合[J]. 电子技术与软件工程，2021（22）：154-156.

第二部分

方 法 篇

第 4 章　区块链数据服务

本章主要内容

- ➢ 区块链即服务（BaaS）的定义及特点；
- ➢ BaaS 服务平台技术架构；
- ➢ 区块链数据即服务（BDaaS）功能分析；
- ➢ BDaaS 中数据交易模型设计。

4.1　区块链即服务

区块链即服务（blockchain as a service，BaaS）是指以云计算为基础、用于区块链网络及应用管理的服务平台。通过对底层操作、数据存储、节点通信和合约交互等功能模块进行封装，能够实现区块链网络的自动化部署和维护，为区块链应用开发和使用提供完整的解决方案。由于开发者仅需关注业务本身，因此降低开发成本和技术门槛。

4.1.1　BaaS 的定义与特点

BaaS 平台基于底层虚拟化资源动态地实现区块链网络的创建和管理，同时，为区块链应用的开发和部署提供接口调用，从而帮助更快实现服务落地。BaaS 平台服务模式如图 4.1 所示。

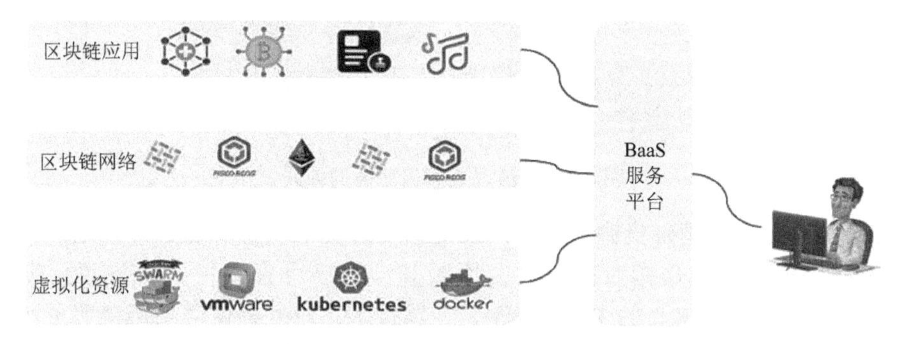

图 4.1　BaaS 平台服务模式

为了实现高可用性，BaaS 平台往往会提供全面的生态配套服务，如区块链浏览器、服务监控、访问管理和跨链交互等，用户可以基于 BaaS 平台快速建立自己的业务，通过区块链技术来解决现有架构中所存在的痛点和难点问题。BaaS 平台通常具备如下特点。

1. 综合成本低

传统的区块链项目部署方式需要项目方购买基础设施并完成网络环境的配置，服务设施价格较高。BaaS 基于云服务模式，实现底层计算资源的共享，从而降低了服务设施费用，使得项目综合成本更低。

2. 使用门槛低

BaaS 平台通过对底层网络构建、拓展和维护等操作进行可视化封装，使得用户仅需通过鼠标单击和表单提交即可完成网络创建和管理，无须了解具体步骤和命令行指令，从而让区块链应用开发变得更加容易。

3. 可扩展性高

利用云服务基础设施的部署和管理优势，BaaS 平台在区块链节点拓展、存储扩容上更加灵活。同时基于生态配套服务，也能够更好地对节点状态和网络性能进行监控。

4. 安全系数高

BaaS 平台大多具备完善的权限管理、系统告警和容灾备份功能设计，从而能够保证区块链网络的稳定运行。

BaaS 与现有的云服务（IaaS、PaaS、SaaS）的关系如图 4.2 所示，其中，狭义的 BaaS 即本章节所讲述的区块链服务平台，而广义的 BaaS 即指代基于区块链技术的应用服务。

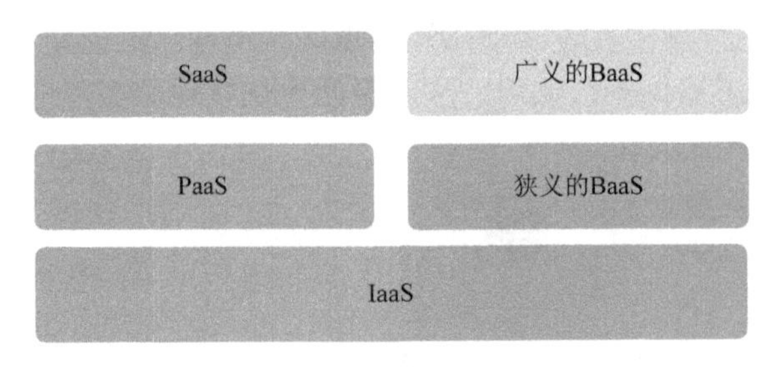

图 4.2 BaaS 与现有云服务的关系

IaaS是指对外提供基础资源服务。PaaS是指对外提供软件部署服务，用户无须关注运行环境和底层。SaaS是指对外提供应用服务，用户可直接使用服务而无须关注开发、业务逻辑等问题。狭义的 BaaS 基于云计算技术，对外提供区块链链服务，将定制化的链实例作为产品提供给用户，用户无须关心底层具体的搭建和维护。同时基于云的 BaaS 服务也能够很便捷地实现扩展，保障链服务的灵活拓展。

4.1.2 BaaS 的发展现状

BaaS 平台可以实现用户低成本开发和使用区块链服务。区块链即服务是一个帮助用户创建、管理和维护区块链的云服务平台，是提高区块链应用开发效率的解决方案[1-4]。

国内外 IT 巨头，如微软、IBM、Google、亚马逊、SAP、腾讯、阿里云等，都明确提供区块链即服务功能，但这些平台提供的服务仍存在一定的局限性。除此之外，2016 年 10 月，通用电气（GE）和爱立信合作，在 GE Predix 云上提供基于区块链的“数字指纹”存证服务；2017 年 5 月，SAP 发布了 Leonardo 生态系统，提供区块链云服务，希望整合物联网、机器学习等前沿科技。文献[2]和[5]提出了一个统一的区块链服务平台（uBaaS），以支持基于区块链的应用程序的设计和部署，其工作主要集中在联盟链和私链；同时总结了一组设计模式作为一种服务提供，以支持区块链应用的设计。文献[6]探讨了使用区块链技术改善医疗系统当前局限性的几种解决方案，提出了一种访问控制策略算法。文献[1]开发了一个名为 NutBaaS 的 BaaS 平台，它在云计算环境下提供区块链服务，如网络部署和系统监控、智能合约分析和测试。基于这些服务，开发人员可以专注于业务代码，探索如何将区块链技术更恰当地应用于其业务场景，而无须费心维护和监控系统。全球区块链产业全景与趋势（2020—2021 年度报告）[7]总结区块链底层基础设施，如 Fabric、Corda、Quorum、BCOS 等开源企业级底层已相对成熟；区块链服务公共基础设施应运而生，如中国的 BSN（blockchain-based service network，区块链服务网络），有效降低了企业的应用壁垒，正在加速落地。根本上提升性能的办法是从区块链系统性能受限的原因入手，将全网工作量切分开来，不同部分的节点负责网络的不同部分[8]。

文献[9]针对 BaaS 的业务流程提出了一个智能合约，用于建立符合物联网环境的进程执行信任，同时为了解决时间和偏见问题，提出了一种基于实用拜占庭容错（practical Byzantine fault tolerance，PBFT）的一致性验证方法。文献[10]介绍了将区块链技术集成到 BPM 开发中的最新研究课题、挑战和有希望的应用。在智能合约与物联网方面，文献[11]提出了一种基于新型六层体系结构的智能合约研究框架。文献[12]利用区块链技术的 symbIoTe 框架在物联网平台联盟中提供物物交换功能。文献[13]提供了一种新的基于区块链的分布式云架构。文献[14]提出了一种基于区块链的边缘即服务框架。在线社交网络（online social networks，OSNs）在人们的生活中越来越普遍，但由于集中式的数据管理机制，它们面临着隐私泄露的问题，文献[15]设计了一个融合传统集中式 OSNs 和分布式 OSNs 优点的 DOSN 框架，通过组合智能合约，使用区块链作为可信服务器来提供中央控制服务；同时将存储服务分开，这样用户可以完全控制其数据。

对于安全云数据共享，文献[16]基于 PDP 方案和区块链技术，提出了一种安全高效的数据共享协议，该协议包括共享文件唯一性和用户离开时的有效公共审计。文献[17]利用区块链技术引入了一种新的身份服务（IDaaS）来进行数字身份管理。文献[18]提出了一个数据共享框架，该框架将保证实时共享数据的真实性，并在区块链网络中提供事务隐私。

近几年，伴随区块链底层技术趋于成熟，越来越多的科技巨头开始布局 BaaS 业务，其中通过中国信息通信研究院可信区块链评测的 BaaS 平台已多达十几个。

1. 蚂蚁链 BaaS 平台

以联盟链为基础，蚂蚁链平台提供了一键部署可定制化的区块链整体解决方案。

以容器化、自动化运维为核心，实现区块链网络联盟创建、联盟管理、区块链应用发布、密钥管理和区块链浏览器等功能需求，能够为政务、金融、存证和溯源等场景提供技术支持。蚂蚁链具有高性能、高可靠性、跨网络部署、数据隐私保护和一键部署等特性。

2. 腾讯云 TBaaS 平台

TBaaS（Tencent blockchain as a service）是腾讯云基于云服务设施构建的区块链服务平台，支持长安链、Hyperledger Fabric 超级账本和 Fisco Bcos 多个底层引擎，为开发者提供众多可选择的解决方案。在满足区块链网络部署管理和运维的同时，TBaaS 平台也提供了系统资源监控、智能合约编辑器等配套服务设施，从而更好地满足用户需求，降低区块链业务开发门槛和学习成本。

3. 超级链 BaaS 平台

超级链 BaaS 是百度团队研发的区块链服务平台，为用户提供以 Hyperledger Fabric、XuperChain 和 Quorum 为核心的多底层联盟链网络搭建和管理服务，并支持以太坊网络集群创建。除了基本的链管理功能之外，超级链 BaaS 平台结合自主研发的可信计算环境实现更加全面的区块链网络安全保护，并提供完善的智能合约开发库和安全审计服务。

4. Hyperledger Cello

Hyperledger Cello 为 Hyperledger 之下的子项目，是最早开源的 BaaS 底层支撑技术，用于快速构建 BaaS 服务平台，由 IBM 发起并得到多家企业的赞助。Cello 基于 Docker、Kubernetes 等技术，能够在裸机、虚拟机和云主机环境下快速地实现 Hyperledger Fabric 网络的定制化部署，并提供可视化操作面板以方便用户进行区块链网络管理以及智能合约安装和调用。该项目为其他 BaaS 平台的建设提供技术基础，具有较高的参考价值。

随着区块链技术和周边生态的日益成熟，BaaS 服务为中小型企业构建区块链应用服务提供了极大的便利，能够推动区块链技术在各个行业快速落地。同时，建设具有高安全性、高性能以及具备更完善的生态配套服务的 BaaS 平台将成为云服务商和区块链技术头部企业赢得未来市场的关键。

4.2 BaaS 服务平台

4.2.1 BaaS 服务平台模块结构

通常情况下，BaaS 平台的设计从模块上划分为计算资源管理、区块链底层引擎、链管理、应用管理和系统监控等多个部分。BaaS 服务平台模块结构如图 4.3 所示。

计算资源管理通过 Kubernetes 等技术实现对私有云、公有云和混合云资源的统一管理，实现弹性伸缩、扩容和容灾备份，为区块链节点提供容器化运行环境和数据存储。

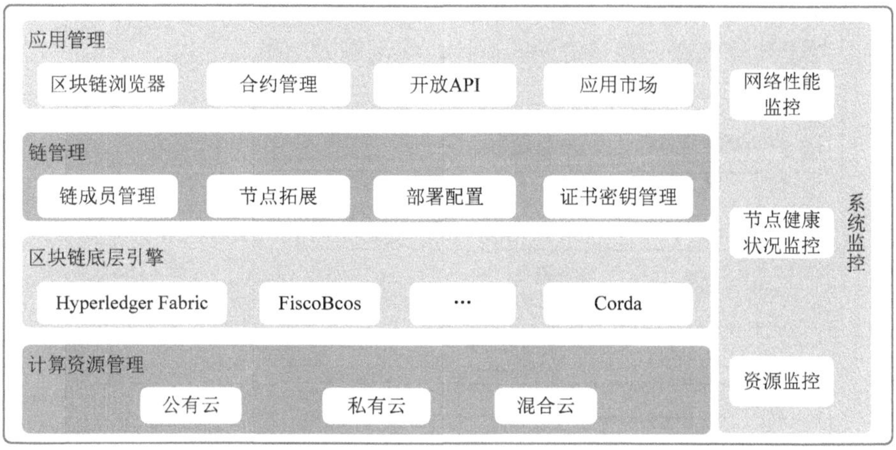

图 4.3　BaaS 服务平台模块结构

区块链底层引擎对多种区块链框架（Hyperledger Fabric、Fisco Bcos 等）进行封装，并提供多种共识机制和数据存储机制，方便区块链网络的构建。

链管理通过可视化操作面板，向用户提供网络节点定制化部署和管理，同时实现多组织组网和证书密钥托管，并为上层应用提供稳定支撑。

应用管理为用户提供智能合约开发、调试、部署等服务，并基于静态分析、形式化验证提高合约安全性。同时，通过将常用合约进行模板封装，为用户提供可快速部署的金融、溯源和存证等场景解决方案，方便用户构建区块链应用。BaaS 平台通过开放 API 或 SDK 等方式完成合约调用，方便链上链下数据的交互。

系统监控从资源使用、区块链网络性能和节点健康状况等多个方面进行 BaaS 平台以及区块链节点的运行时状态检查，通常结合数据采集和可视化处理为 BaaS 平台管理者以及用户对平台和节点的运行状况进行运维管理。

4.2.2　BaaS 服务平台技术架构

本节提供的 BaaS 服务平台技术架构如图 4.4 所示，其中结合了当前流行的微服务、容器化等技术。

Spring Cloud Gateway（Spring 云网关）是 SpringCloud 官方推出的第二代网关框架，在微服务系统中有着非常重要的作用。网关常见的功能有路由转发、权限校验、限流控制等。作为 BaaS 平台对外提供服务的接口，用户通过前端页面向其发送相关业务请求和数据获取，包含联盟管理、链管理和合约部署等。同时，区块链业务应用则通过 API 实现合约调用，从而完成链上链下数据交互，并基于 Robbin 实现负载均衡。

服务集群用于部署 BaaS 平台的核心调度服务，通过服务拆分和集群的方式提高并发能力，降低服务时延，增强可用性和扩展性。其中，服务间通过 Feign 完成远程调用，同时以 Eureka 或 Nacos 等技术实现服务注册和服务配置，实现服务间的发现和高效管理。

Kubernetes 集群是区块链节点容器和智能合约的运行环境，BaaS 平台调度中心依据用户的定制化需求调用接口完成容器配置和启动。基于 Kuboard 等技术框架能够可视化地对 Kubernetes 集群和区块链节点容器进行管理，同时依赖所提供的运行数据采集也可满足对于计算资源、存储资源的监控，实现高效运维。

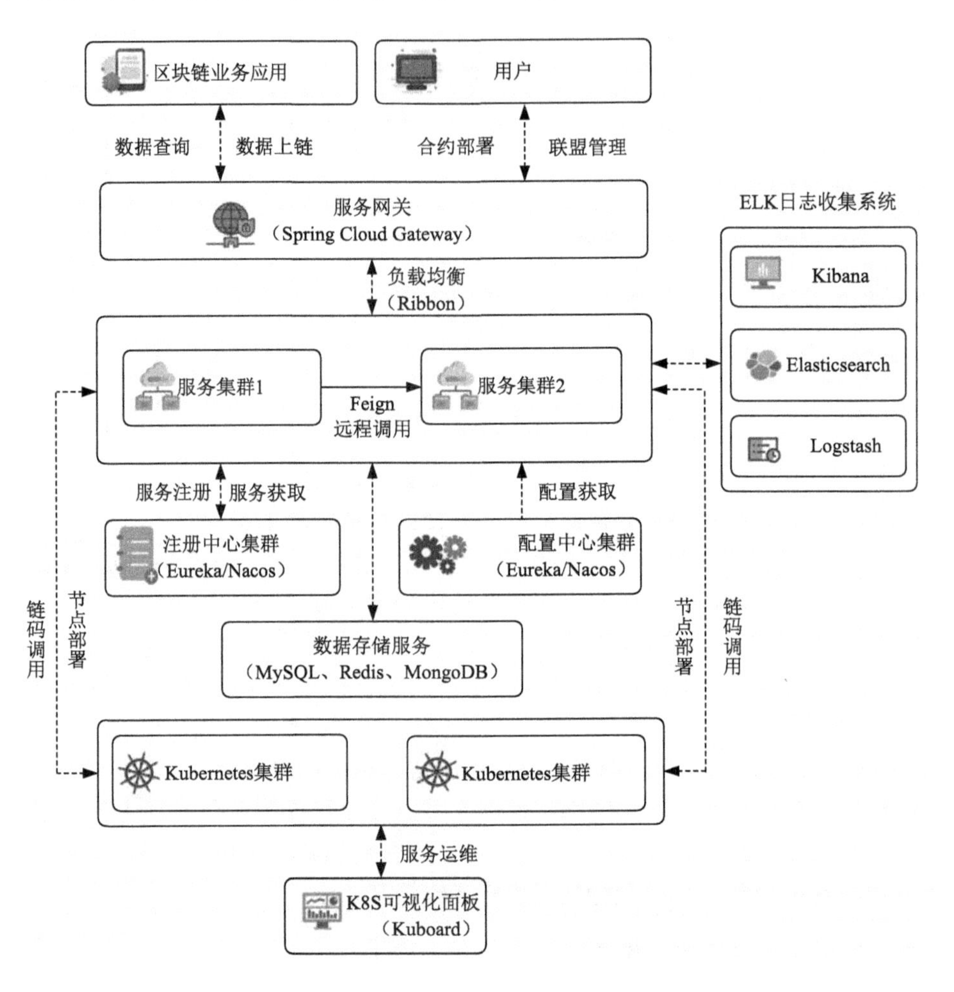

图 4.4 BaaS 服务平台技术架构

ELK 是 Elasticsearch、Logstash 和 Kibana 的简称。其中，Elasticsearch 是开源分布式搜索引擎，提供搜集、分析、存储数据三大功能。Logstash 是用于日志的搜集、分析、过滤的工具。Kibana 则可为 Logstash 和 ElasticSearch 提供友好的 Web 界面，可以帮助汇总、分析和搜索重要数据日志。三者结合可用于对系统运行状况进行监控和管理。

4.3 区块链数据即服务功能分析

区块链数据即服务（blockchain-data as a service，BDaaS），即数据服务由区块链服务平台完成的应用模式。BDaaS 在经典区块链服务平台上拓展其全流程数据服务，重点是数据交换、数据交易功能，使 BDaaS 具有了数据共享与交易能力。

依据数据服务的功能要求，我们设计了 BDaaS 数据交易模型（图 4.5）。仅仅依靠区块链技术来实现数据交易、共享服务是不够完备的，需要基于多种技术的融合。以 BaaS 平台作为服务的核心，能够利用区块链技术进行数据交易流程存证溯源和数据确权的同时，降低区块链底层管理带来的底层技术压力和运维复杂性。通过结合联邦学习（federated learning）技术达到数据不出本地，可用不可见，从而解决数据存在的可复制性问题，保证数据属主对于数据本身的控制权。基于可信执行环境等技术可以实现对于区块链底层的密钥托管，保证整个数据交易服务过程中的数据安全性，降低 BaaS 平台所带来的中心化数据隐患。同时，可信执行环境平台与联邦学习计算平台的结合也能够保证数据交易、共享过程中利益分配和贡献度量的公平性和合理性，以有效的激励机制来保证整体数据交易、共享服务的可持续发展，促进数据属主积极地参与到数据交易服务之中。

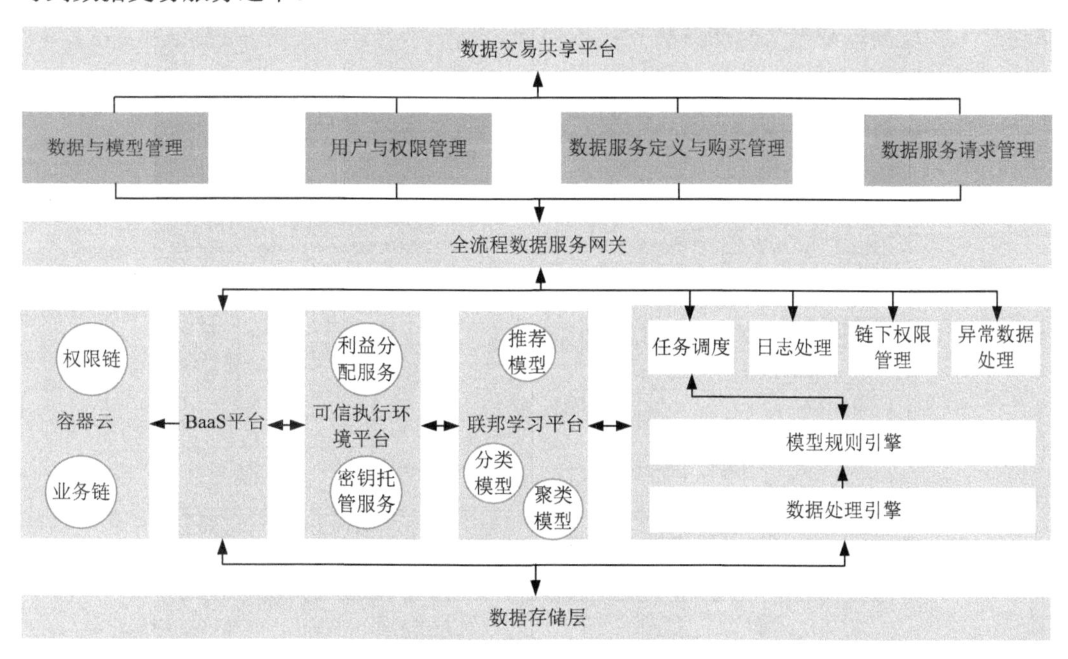

图 4.5　BDaaS 数据交易模型

正是区块链服务的数据交易能力和密码学保障的安全能力，构建完善具有高时效数据交易与数据安全的资源共享 BDaaS，即区块链服务支持的数据服务就成为我们的研究对象。

整个 BDaaS 模型依据功能不同划分为数据模型管理、用户权限管理、数据服务定义与购买管理以及数据服务请求管理四大部分。其中，数据提供者使用自己的私有数据完成模型训练，并将模型存储于平台中，模型以容器形式运行，并由模型规则引擎及模型调度子模块完成管理。数据需求者通过购买获取模型的使用权，由基于 BaaS 平台定制化构建的权限链和业务链分别完成权限记录和模型调用记录，完成权限管理和服务计费。同时，在模型提供服务过程中，通过历史数据分析，完成对异常数据的处理。

4.4 BDaaS 中数据交易

大数据时代需要数据之间互联互通互交易，以此达到资源共享、数据增值的目标，传统的数据服务 DaaS 只有资源共享才有意义。区块链本身是源于数字货币应用，天生具有交易特征，BDaaS 在 DaaS 基础上融合 BaaS 拓展了 DaaS 在数据共享与交易方面的功能，可以承担大数据共享与交易重任。由此说明，建立在 BaaS 上实现数据交易解决方案的可行性。

图 4.6 所示是 BDaaS 平台中数据交易功能在其中的定位。BDaaS 平台从下至上分为核心资源层、服务层和应用层。应用层中数据交易作为 BDaaS 平台行业应用的重要功能，和保险、旅游消费等发挥同样的作用，服务层中与之相关的重要服务就是数据服务、隐私保护这两大服务。后面的第 5 章、第 6 章将围绕这两大服务，对在数据隐私保护下实现高效数据交易服务进行深入研究。

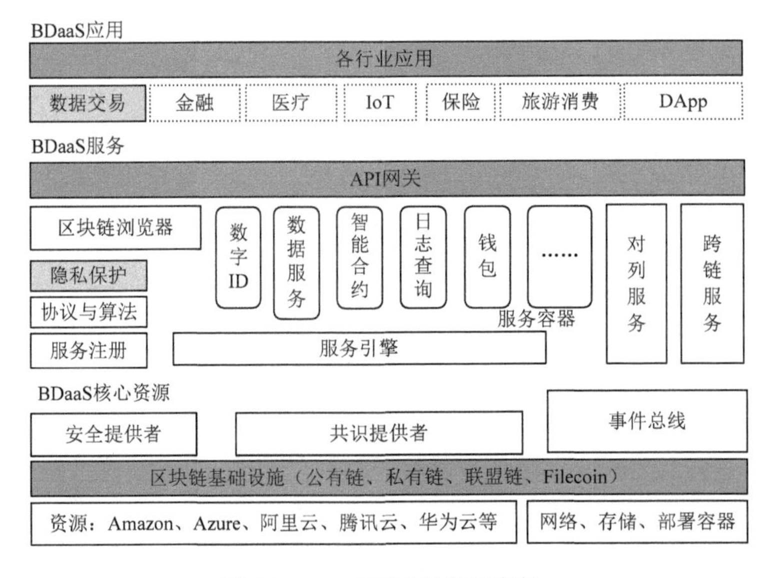

图 4.6　BDaaS 平台的数据交易

本章小结

本章从区块链即服务（BaaS）开始，面向大数据共享和交易需求进而引出其数据服务的主要应用模式——区块链数据即服务（BDaaS），并设计了 BDaaS 数据交易模型。

BaaS 是指以云计算为基础用于区块链网络及应用管理的服务平台，是 SaaS、PaaS、IaaS 在区块链计算平台的发展，通过对底层操作、数据存储、节点通信和合约交互等功能模块进行封装，能够实现区块链网络的自动化部署和维护，为区块链应用开发和使用提供完整的解决方案。

BaaS 平台的设计从模块上划分为计算资源管理、区块链底层引擎、链管理、应用管理和系统监控等多个部分，我们也提出了一个 BaaS 服务平台技术架构供参考，设计了 BDaaS 平台中数据交易功能。依据数据服务的功能要求，我们设计了 BDaaS 数据交易模型和 BDaaS 平台分层结构。

主要参考文献

[1] ZHENG W, ZHENG Z, CHEN X, et al. NutBaaS: A blockchain-as-a-service platform[J]. IEEE Access, 2019, 7: 134422-134433.

[2] LU Q, XU X, LIU Y, et al. uBaaS: A unified blockchain as a service platform[J]. Future Generation Computer Systems, 2019, 101: 564-575.

[3] 이강찬. Towards on blockchain standardization including blockchain as a service[J]. Journal of Security Engineering, 2017, 14(3): 231-238.

[4] SEEBACHER S, SCHÜRITZ R. Blockchain technology as an enabler of service systems: A structured literature review[C]// International Conference on Exploring Services Science. Rome: Springer, 2017: 12-23.

[5] LU Q, XU X, LIU Y, et al. Design pattern as a service for blockchain applications[C]// 2018 IEEE International Conference on Data Mining Workshops（ICDMW）. Singapore:IEEE, 2018: 128-135.

[6] TANWAR S, PAREKH K, EVANS R. Blockchain-based electronic healthcare record system for healthcare 4.0 applications[J]. Journal of Information Security and Applications, 2020, 50: 102407.

[7] 清华大学互联网产业研究院，区块链服务网络（BSN）[R/OL]．火链科技研究院.全球区块链产业全景与趋势（2020—2021 年度报告）.（2021-02-06）[2022-06-30]. http://www.huochain.com.cn/institute.

[8] 王嘉平．区块链到底有什么了不起[J]．中国计算机学会通信．2020，16（3）：40-45.

[9] DA XU L, VIRIYASITAVAT W. Application of blockchain in collaborative internet-of-things services[J]. IEEE Transactions on Computational Social Systems, 2019, 6(6): 1295-1305.

[10] VIRIYASITAVAT W, DA XU L, BI Z, et al. Blockchain and internet of things for modern business process in digital economy—the state of the art[J]. IEEE Transactions on Computational Social Systems, 2019, 6(6): 1420-1432.

[11] WANG S, OUYANG L, YUAN Y, et al. Blockchain-enabled smart contracts: architecture, applications, and future trends[J]. IEEE Transactions on Systems, Man, and Cybernetics: Systems, 2019, 49(11): 2266-2277.

[12] TEDESCHI P, PIRO G, MURILLO J A S, et al. Blockchain as a service: Securing bartering functionalities in the H2020 symbIoTe framework[J]. Internet Technology Letters, 2019, 2(1): e72.

[13] SHARMA P K, Chen M Y, Park J H. A software defined fog node based distributed blockchain cloud architecture for IoT [J]. IEEE Access, 2018, 6: 115-124.

[14] JINDAL A, AUJLA G S, KUMAR N. SURVIVOR: A blockchain based edge-as-a-service framework for secure energy trading in SDN-enabled vehicle-to-grid environment[J]. Computer Networks, 2019, 153: 36-48.

[15] JIANG L, ZHANG X. BCOSN: A blockchain-based decentralized online social network[J]. IEEE Transactions on Computational Social Systems, 2019, 6(6): 1454-1466.

[16] HUANG L, ZHANG G, YU S, et al. SeShare: Secure cloud data sharing based on blockchain and public auditing[J]. Concurrency and Computation: Practice and Experience, 2019, 31(22): e4359.

[17] LEE J H. BIDaaS: Blockchain based ID as a service[J]. IEEE Access, 2017, 6: 2274-2278.

[18] CHOWDHURY M J M, COLMAN A, KABIR M A, et al. Blockchain as a notarization service for data sharing with personal data store[C]// 2018 17th IEEE International Conference on Trust, Security and Privacy in Computing and Communications/12th IEEE International Conference on Big Data Science and Engineering（TrustCom/BigDataSE）. New York: IEEE, 2018: 1330-1335.

第 5 章　高可用 BDaaS 体系结构

本章主要内容

- 软件体系结构的概念和意义；
- 结合数据思维和数据中台了解企业数据产品的架构特点；
- 支持资源共享 BDaaS 高可用体系结构；
- 高时效数据交易技术。

5.1　软件体系结构

5.1.1　软件体系结构的定义

软件体系结构，又称软件架构，在软件开发中为不同的人员提供共同交流的语言，体现并尝试系统早期的设计决策，并作为相同设计的抽象，为实现框架和构件的重用、基于体系结构的软件开发提供有力的支持。

在软件的本（元）认识论基础上的软件体系结构概念如下：

- 软件的本质是用来描述客观世界的。
- 构造性和演化性是软件的特征。
- 软件模型是指对软件的一种抽象。
- 不同的软件模型决定不同的软件体系结构。
- 为应对软件开发的工程化，必须为企业计算建立十分“灵活”和“敏捷”的“完美”结构。

事实上，软件总是有体系结构的，不存在没有体系结构的软件。软件体系结构虽然脱胎于软件工程，但其形成同时借鉴了计算机体系结构和网络体系结构中很多宝贵的思想和方法，最近几年软件体系结构研究已完全独立于软件工程的研究，成为计算机科学的一个最新的研究方向和独立学科分支。

软件体系结构为软件系统提供一个结构、行为和属性的高级抽象，由构成系统的元素的描述、这些元素的相互作用、指导元素集成的模式以及这些模式的约束组成。软件体系结构不仅指定了系统的组织结构和拓扑结构，并且显示了系统需求和构成系统的元素之间的对应关系，提供了一些设计决策的基本原理[1]。

软件体系结构的核心模型由 5 种元素组成：构件（component）、连接件（connector)、配置[configure，或称约束（constrain）]、端口和角色。其中，构件、连接件和配置是最主要的元素，简称 3C 模型，相互关系如图 5.1 所示。

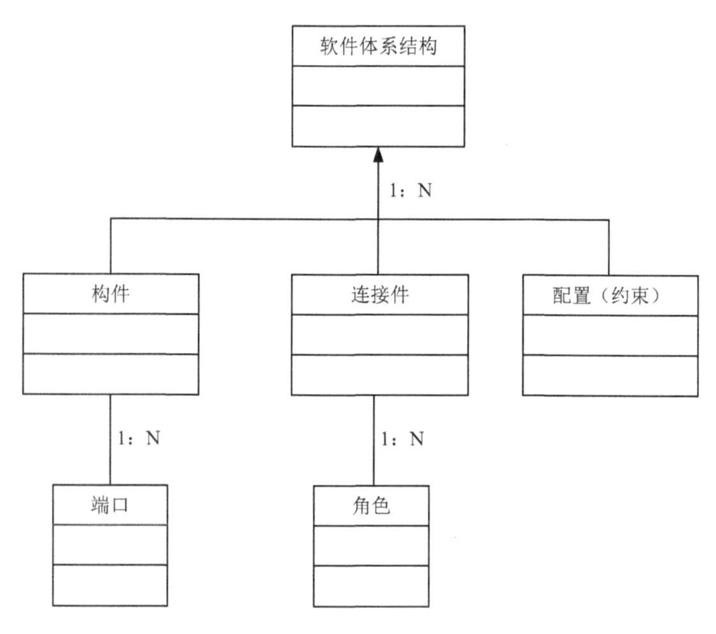

图 5.1　软件体系结构的 3C 模型表示[1]

① 构件　是具有某种功能的可重用的软件模板单元，表示系统中主要的计算元素和数据存储。构件有两种：复合构件和原子构件。复合构件由其他复合构件和原子构件通过连接而成；原子构件是不可再分的构件，底层由实现该构件的类组成，这种构件的划分提供体系结构的分层表示能力，有助于简化体系结构的设计。

② 连接件　表示构件之间的交互。简单的连接件有管道（pipe）、过程调用、事件广播等，更为复杂的交互有客户—服务器通信协议、数据库和应用之间的 SQL 连接等。

③ 配置　表示构件和连接件的拓扑逻辑和约束。

构件作为一个封装的实体，只能通过其接口与外部环境交互。构件的接口由一组端口组成，每个端口表示构件和外部环境的交互点。通过不同的端口类型，一个构件可以提供多重接口。一个端口可以非常简单，如过程调用，也可以表示更为复杂的界面（包含一些约束），如必须以某种顺序调用的一组过程调用。连接件作为建模软件体系结构的主要实体，同样也有接口。连接件的接口由一组角色组成，连接件的每一个角色定义该连接件表示的交互的参与者。二元连接件有两个角色，如 RPC（remote procedure call，远程过程调用）的角色为 caller 和 callee，pipe 的角色是 reading 和 writing，消息传递连接件的角色是 sender 和 receiver。有的连接件有多于两个的角色，如事件广播有一个事件发布者角色和任意多个事件接收者角色[2]。

软件体系结构具有以下意义：

（1）体系结构是风险承担者进行交流的手段。软件体系结构代表系统的公共的高层次的抽象。这样，系统的大部分有关人员（即使不是全部）能把它作为互相理解的基础，形成统一认识，互相交流。体系结构提供了一种共同语言来表达各种关注和协商，进而对大型复杂系统能进行理智的管理。这对项目最终的质量和使用有极大的影响。

（2）体系结构是早期设计决策的体现。

（3）软件体系结构是可传递和可重用的模型。软件体系结构级的重用意味着体系结构的决策能在具有相似需求的多个系统中发生影响，这比代码级的重用要有更大的好处。

软件体系结构活动介于传统的需求和设计之间，并贯穿整个软件生命周期。好的软件体系结构是“灵活的”“敏捷的”并有效面向功能扩展，时刻避免开发的系统推倒重来，使软件系统成为一个在高层次上实现了复用的系统，也是一个易于维护的系统。

5.1.2 在架构设计中集成数据思维

在企业信息化领域，信息系统架构设计是信息系统建设和运行的基础环节。信息系统架构需要从更高的维度来规划和组织，不但要满足用户现在的需求，还要有一定的普适性和前瞻性。

互联网体系为系统带来了大数据采集和分析能力，可使信息系统设计者迅速评估不同用户的使用体验，因而架构设计能够集成相应的用户体验采集、数据分析及评估能力，并将数据思维有效地纳入架构设计思维中[3]。

1. 数据思维

架构思维是软件架构师进行系统架构设计时所遵循的方法论，贯穿系统设计、实现与运行的整个过程。其入口是用户需求和环境分析，出口是针对信息系统不同视角的架构设计制品（artifact）。

数据驱动决策（data driven decision，DDD）的方法正在被越来越多的企业所采用。DDD 方法的应用方向是产品分析、用户增长分析、时空大数据分析及自动化运维分析等领域。DDD 一方面利用传统数据仓库体系，集成不同维度的信息，给出综合的分析结果；另一方面也利用大数据技术，在不同维度上进行快速分析，并利用不同的分析结果的关联进行优化。

设计思维可使软件架构师更加关注用户及环境的需求，又可将复杂的用户场景分解为不同的 POV（poing of view，关注点），使得架构师可以对关注点进行快速设计与迭代。

DDD 被软件架构师用来融合设计思维和架构思维，从而产生用户体验的量化标识，以及对这些量化标识进行监控、预测和优化。引入这些方法的设计体系被看作数据思维方法论。

数据思维是设计思维量化的基础。在传统应用中，设计师会用任务成功数据、完成时间数据、错误过程数据、使用效率数据及易学性数据等度量绩效来观察和分析 POV 设计是否能够改善用户体验。在移动互联网应用中，用户在不同页面的停留时间、应用切换的频度、选择点击的错误点、页面上用户关注的热点等数据都被用来标定上述五个度量绩效。大样本量的数据更有利于设计师/架构师去除噪声，减少欠拟合的模型，从而更精准地分析 POV 的变化。数据思维是架构思维敏捷的基础。架构思维的产出系统在运行时会产生大量的运行数据，如果架构师将这些运行数据集成到不同的用户体验主题上，则可以作为以 QoE（quality of experience，体验质量）为基础的架构评估指标。例如，用户观看世界杯直播时，有可能会因为抖动、不清晰、延时等原因，而放弃观看，或给出不好的评价等。设计师将这些操作定义为 POV 中的体验错误。而不同的服务有相关的系统日志，这些日志可以反映出服务质量（QoS）。架构师将 QoS 指标按照用户体验错误进行主题集成，可以分析出服务设计和组件设计的问题，从而有的放矢地快速调整架构体系，进行敏捷迭代。

数据思维需要由一系列的自动化工具组件支撑落地。这些工具采集数据，按主题进行数据部署和分析，甚至按照 POV 进行预测。这些数据思维工具形成的服务，被架构思维的敏捷迭代和设计思维的 POV 所采用。

可以通过云服务交付数据分析和自动化函数。云服务是一种集中交付适配函数和用户流量数据的技术框架。软件架构师在发现合理的架构设计时，应该考虑其是否被自动化实现，开发人员、运维人员是否通过在固化的组件上增加伙伴服务来完成业务逻辑，而不是让开发人员每次都试图理解需求文档。这样，开发人员在实现具体的设计时，可以直接利用已经被证明有效的技术组件。例如，用户的情感分析被固化为一种服务，而用户的语音、语料数据被封装在一个容器中。在该架构容器外可以部署一个“大使”容器，并引入情感分析服务适配函数，使得开发人员直接从云服务中获取相应的容器，而不用关心自己的应用逻辑是否和 QoE 指标有冲突。云服务的交付方式，也可以简化架构迭代中重构的过程，并减少相应的风险，使迭代过程更敏捷。

架构师不仅要考虑设计过程，还要通过组件设计，将用户 QoE 分发到不同的组件和服务上，让相关的开发和运维人员将用户体验与自己的服务管理融合，从而保障整个系统的成功[3-4]。

2. 数据中台

中台类似于软件体系结构组成元素中的可重用构件集合。中台分为业务中台和数据中台。

数据中台是什么？几乎每条产品线都需要相关的数据分析工作，这些工作又会涉及数据分析师、数据开发工程师等角色。如果为每条产品线都配备数据分析师、数据开发工程师，不但数据的标准得不到统一，也是对人力资源的一种浪费。基于软件重用思想，数据中台可以承担企业所有产品线的数据分析工作，通过数据化的手段为各条产品线赋能[5]。

数据中台主要承担以下四个方面的工作，分别是对数据的采集、存储、打通、应用。

（1）采集是指采集各条产品线的数据（如业务数据、日志数据、行为数据等），并将这些数据集中处理，存放在数据中心。

（2）存储是用更加科学的方式存放数据。业内一般采用分层建模的方式，让采集上来的数据变成企业的数据资产。

（3）打通分为两方面。一方面要打通用户的行为数据和用户的业务数据，从而构建更加丰富的用户画像；另一方面要打通产品线之间的数据，如一个用户既用了 A 产品线的服务，又用了B产品线的服务，需要打通产品线才能挖掘出这些数据信息。

（4）应用是用打通后的数据赋能业务人员，帮助决策层进行决策判断，用数据来反哺业务。

数据中台的体系结构如图5.2所示。

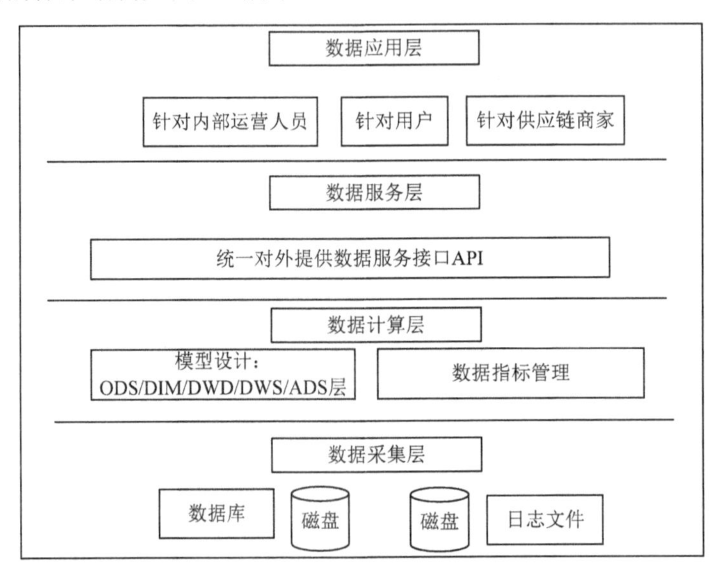

图5.2 数据中台体系结构[5]

数据中台的分层体系结构中，第一层是数据采集层。企业内每条产品线都会产生一定数量的业务数据，如销售服务产品线的用户购买数据、收藏数据、下单数据等。这些数据主要存储于业务数据库，随着用户数增多会越来越多；还有用户的浏览行为、点击行为，这些行为会做相应的埋点设计，所产生的数据一般会以日志文件的形式存储。无论是业务数据库的数据还是日志文件的数据，都需要把它们抽取到数据中台做统一的存放。数据工程师会用一些比较成熟的数据同步工具，将业务数据库的数据实时同步到数据中台，同时将离线日志数据以“T-1”的形式抽取过来，二者整合到一起。

第二层是数据计算层。数据中台要同步企业内多条产品线的数据，数据量相对来说是比较大的。海量的数据采用传统的数据存储方式是不合理的。业界一般采用分层建模的方式存储海量数据。数据的分层主要包括操作数据层（operational data store，ODS）、维度数据层（dimension，DIM）、明细数据层（data warehouse detail，DWD）、汇总数据层（data warehouse summary，DWS）和应用数据层（application data store，ADS）等。通过分层建模可以令数据获得更高效、科学的组织和存储。为了保证数据指标的准确性和无歧义性，企业内部的数据指标需要通过一套严格的数据指标规范来管理，包括指标的定义、指标的业务口径、指标的技术口径、指标的计算周期和计算方式等。数据中台的产品人员、开发人员都要参考这套规范来统一工作，这样可以最大程度地保障汇聚数据的准确、无歧义。

第三层是数据服务层。数据经过整合计算后，数据中台一般以API接口（Web服务）的形式对外提供服务，开发人员将计算好的数据根据需求封装成一个个的接口，提供给数据应用产品和企业各条产品线调用。

第四层是数据应用层。数据应用产品分为针对内部运营人员的数据产品、针对用户的数据产品、针对供应链商家的数据产品。针对内部的数据产品一般服务企业的产品/运营人员和决策领导。产品/运营人员更关注明细数据，如电商销售产品的活跃用户持续减少，数据中台需要通过数据帮助找出原因；决策领导关注大盘数据走向，如根据企业近一年各条产品线的运营情况决定是否需要开发相关产品。针对用户的数据产品可以基于数据中台整合后的数据开发一些创新应用，如个性化商品推荐，让“商品找人”，提高人货匹配的概率，同时也就提高了用户的下单概率。针对供应链商家的数据产品可基于数据中台为商家提供数据服务，如销售产品基于销售数据制作关于流行趋势、行情、店铺运营的数据报告等[6]。

5.2　支持资源共享 BDaaS 高可用体系结构

隐私泄露已成为阻碍大数据交易服务发展的重要因素，同时由于运行时交易监管手段缺乏，按需自动交易服务研究欠缺，导致数据共享与交易中数据服务分析、共享的低可用，因此需要通过区块链数据服务的隐私保护与交易监管实现机制来提升数据服务的资源共享能力。由此设计区块链服务支持资源共享 BDaaS 高可用体系结构，如图 5.3 所示。

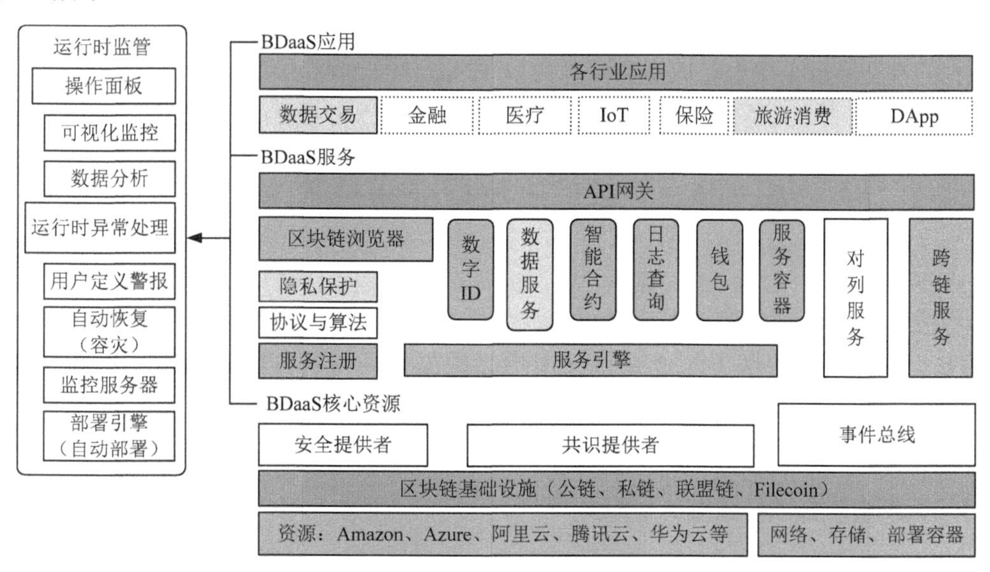

图 5.3　区块链服务支持资源共享 BDaaS 高可用体系结构

高可用即高时效、可信和支持监管。该体系结构分为三层：最底层是核心资源层，提供区块链服务所需的基础设施（如存储、数据库和网络），云计算资源可以是 Amazon、Azure、阿里云、腾讯云、华为云等，区块链基础设施可选择提供区块链服务的 BaaS 产品，如腾讯 BaaS、BSN 的 Fisco Bcos 等。资源层之上是服务层，这是 BDaaS 上最重要的层，类似于数据中台。所有区块链基础服务和高级数据服务都在此层实现，如最关键的数据服务功能。通过整合这些服务，我们在应用层构建一些有利于整体生态发展的应用（如 DApp、数据交易以及一些通用的行业解决方案）。在应用层中，可以在服务集成应用中快速地找到其业务场景的解决方案。

体系结构设计的主要目标是为 BDaaS 提供一个全面而详细的运行时的监管机制，如图 5.3 左侧所示。该机制涵盖 BDaaS 的八个方面：操作面板、可视化监控、数据分析、运行时异常处理、用户定义警报、自动恢复（容灾）、监控服务器和部署引擎（自动部署）。自动部署旨在提供集成服务，从部署测试网络、编写和测试智能合约、自定义应用程序到体验和共享应用程序。可视化监控和用户定义报警的目的是为用户提供即时的可视化信息，并根据用户设置的报警阈值对用户进行报警，使用户能够及时发现并解决系统问题。

服务层的数据服务是 BDaaS 的基础，应用层的数据交易是 BDaaS 的主要应用场景（目标）。为了高效完成按需数据交易，需要关注区块链服务支持资源共享数据服务 BDaaS 的高可用性，探索资源共享 BDaaS 中核心问题——运行时按需交易关键技术，即运行时数据隐私保护与交易监管实现机制，机理上阐明在保护个人/公共数据隐私的前提下，如何有效共享数据和有序交易问题；在方法上提出分而治之算法路由与投放下的多中心协同方法，即算法跑路代替数据直接交互，有效提高交易效率并尊重数字资产隐私归属；同时使用基于日志等方法实现详细的实时交易监控框架，它可以跟踪事务中的服务调用和每个阶段的耗时情况，基于这些统计数据，开发人员可以对网络中提供不同服务的对等方进行详细的性能分析，然后对其进行有针对性的优化。在实践上，结合数据共享交易服务平台获取支持资源共享 BDaaS 的 CASE（computer aided software engineering，计算机辅助软件工程）工具功能性需求与应用验证。

5.3 高时效数据交易技术

数据是数据驱动经济的关键资产，它推动了一个新的数据交易行业的出现。传统的数据交易生态系统，简化版本通常包括三方，即卖方、数据交换（即一些中间人）和买方。但是，如果买方不能直接使用原始数据集，则买方将需要重新处理该数据集，以获得满足买方需要的所需结果。数据交易监管本身并不是一个可行的解决方案，因为监管所有买家的在线行为并不现实。

5.3.1 数据交易技术与数据交易服务

SDTE[7]提出了一种新的数据交易生态系统来补充现有的交易生态系统，使用区块链来防止单点故障，从数据托管/交换即服务转向数据处理即服务，即买方为卖方数据集的分析付费；文献[8]提出了 JointCloud 计算数据交易架构（JCDTA），这是一种针对跨利益相关者的优化数据交易架构。文献[9]设计了一种基于区块链的点对点数据交易机制；文献[10]提出了一种通过在区块链网络上部署智能合约来实现公开公平数据交易的分散交易解决方案，数据加密存储在分布式存储平台上，不直接存储在区块链网络上，可以通过降低交易成本来缓解区块链的存储压力。在 NutBaaS[11]上使用基于日志的方法实现了一个详细的实时监控框架，同时对运行时异常处理进行了研究分析；文献[12]提出了一种基于区块链技术的分布式运行监控体系结构。文献[13]提出了一个用于选择充电站的按需定价协议，该协议建立在一个区块链上；文献[14]提出了一个基于区块链的按需服务的智能城市汽车产业分布式框架。

按需交易方面，文献[15]的模型是一种基于区块链技术的分布式云架构，为物联网中最具竞争力的计算基础设施提供低成本、安全和按需访问；文献[16]使用区块链技术、多重签名和匿名加密消息流为分散式能源交易系统实现了概念验证，使对等方能够匿名协商能源价格并安全地执行交易；文献[17]引入了一个用于 Bazaar 集市协商区块链的概念，这种谈判是以交换报价为基础的，因此被称为集市谈判，并在基于 CloudSim 的模拟环境中实现，以显示其技术可行性。

自 2015 年 4 月 14 日贵阳大数据交易所挂牌运营以来，我国已有近 30 个数据交易性质的网站和平台对外公开提供数据交易，有力促进了国家大数据战略深入实施，为充分实现大数据交流共享提供了重要场所和平台。数据交易中心服务内容主要包括如下内容。

（1）数据信息登记服务。建立统一的数据管理规则和制度，建立以信息充分披露为基础的数据登记平台，明晰数据权利取得方式及权利范围。政府部门（含具有公共事务职能的组织）将数据目录中的公共数据通过无条件开放和授权开放形式有序汇聚，企业可在数据交易中心内免费或有条件使用数据登记平台的数据开发数据产品。驱动商业数据向交易中心聚集，形成公共数据与商业数据聚集高地。构建规范的数据产品库，利用区块链技术、数据安全沙箱、多方安全计算等方式，全面提升数据登记的安全性、合规性、保密性。

（2）数据产品交易服务。以公开公平公正为核心，建立数据产品交易规则和业务规范，建立数据确权工作机制，形成价值评估定价模型，健全报价、询价、竞价、定价机制，构建高效的交易服务流程，搭建区块链数据产品交易系统。数据产品范围包括商业数据、数据分析工具、数据解决方案等。交易类别主要有以下四类：一是数据产品所有权交易，主要为数据分析工具、数据解决方案的产权转让；二是数据产品使用权交易，即不改变数据产品所有权前提下通过交易访问权限，实现对数据的使用；三是数据产品收益权交易，即对数据产品产生的未来收益进行交易，主要为数据资产证券化产品；四是数据产品跨境交易，交易模式为协议转让、挂牌、应用竞赛等。

（3）数据运营管理服务。制定数据中介服务机构运营管理制度，严格数据中介服务机构准入，培育专业的数据中介服务商和代理人。建立全链条数据运营服务体系，为市场参与者提供数据清洗、法律咨询、价值评估、分析评议、尽职调查等服务。

（4）数据资产金融服务。探索开展数据资产质押融资、数据资产保险、数据资产担保、数据资产证券化等金融创新服务，提供质押标的处置变现、风险代偿和评价估值服务。

（5）数据资产金融科技服务。深入挖掘多方安全计算在数据安全、数据应用等方面的作用，探索数据所有权和使用权的合理剥离，实现“数据可用不可见”，促进数据资产化、产品化。通过大数据、云计算、人工智能、区块链等技术，发挥交易平台线上交易、智能评估、智能撮合、风险提示等功能，实现对交易过程、资金结算的实时监测。

5.3.2 高时效数据交易技术策略

数据交易服务的性能指标主要包括交易吞吐量和延时两方面。交易吞吐量表示在固定时间能处理的交易数，延时表示对交易的响应和处理时间。在实际应用中，需要综合两个要素进行考查——只使用交易吞吐量而不考虑延时是不正确的，长时间的交易响应会阻碍用户的使用从而影响用户体验；只使用延时不考虑吞吐量会导致大量交易排队，某些平台必须能够处理大量的并发用户，交易吞吐量过低的技术方案会被直接放弃。

主链 TPS（每秒交易量）=区块大小/（出块间隔×交易字节大小）

目前区块链技术应用的项目，每天的交易量最高不超过 180 万，TPS 最高达到 20。环球同业银行金融电讯协会 SWIFT 结算系统 2018 年全年流量已至 78 亿条，微信钱包在最高峰时候能处理 20 万 TPS，支付宝为 12 万 TPS。比特币系统理论上每秒最多只能处理七笔交易，每 10 分钟出一个区块，相当于交易吞吐量为 7，交易延时为 10 分钟，实际上，等待最终确认需要 6 个左右的区块，也就是说实际交易延时是 1 小时。

共识机制是区块链服务的核心问题，所有区块链都会采用一种共识机制来使去中心化网络能够同步。由于全网共识机制的冗长确认造成传统区块链服务交易效率低、交易速度受限。大多数区块链都面临可扩展性问题，大家都在努力提升 TPS。例如，比特币每秒只能进行大约 7 笔交易，以太坊每秒 7～15 笔。首先，这样缓慢的 TPS 很容易造成网络拥堵，使区块链在高价值、高并发的业务领域无法落地。例如，以太坊的加密猫和 Fcoin 事件，就曾导致以太坊网络堵塞，交易确认异常缓慢。其次，由于 TPS 并发太低，导致交易费用高、确认时间长、扩展性差，长此以往，社区可能会产生分裂，硬分叉成为常态，对行业产生巨大的不利影响。

为了解决上述问题，区块链数据服务开发人员提出了很多方案和策略，来达到高时效数据交易的目标。

1. 区块链底层技术层面

（1）增加区块大小、链下交易、有向无环图、分片等。理论上讲，这些方法都是可行的，这里介绍一下分片技术。分片源于传统的数据库技术，将大型数据库分割成多个碎片部署到不同的服务器上。在区块链中，将整个网络节点分成很多小的网络，每个小网络运行更小范围的共识协议。交易被分割到不同的网络处理，这样就能并行处理大量验证工作。简单地讲，分片就是将大任务分成多个可并行处理的小任务，从而提升整个链的性能。

（2）提升出块间隔。缺点就是一定程度会牺牲安全性。如果能够降低每一笔交易的字节大小，就可以使一个区块内记录更多笔交易。这也就是隔离见证在做的事情。

（3）降低交易字节大小。

（4）不同优先级别的事情由不同的链来完成，如闪电网络。闪电网络是使用哈希时间锁的技术，将小额的交易放到闪电网络的通道中去，仅把结果提交到链上。

（5）直接调整共识机制。例如，EOS 提出的 DPOS 等，会将共识限制在某一小部分被选举出的节点上，据此来加快共识达成、区块生成和运算的速度和效率，但是这种方式会加剧区块链的中心化程度，并且其安全性和实用性也有待进一步考查。

2. 从软件架构出发提升数据交易效率

对链上数据进行分层设计和分级设计，在软件的架构层面上做改造，即将不同的业务层级的工作分开到不同的链上去解决。

（1）本书从软件架构入手，通过分而治之机制构建高时效数据交易技术（具体见第 6 章），提出算法跑路代替源数据直接交互的数据安全共享与业务协同实现方法，建立数据“不求所有、但求所用、召之即来、挥之即去”的数据服务使用规则。

（2）设计完整的数据“三权”分置、链上链下数据隐私隔离、跨网跨云部署算法等体系结构和实现方法，重点关注实现可行性和有效性。

5.4　数据隐私保护

当前，以数字经济为代表的新经济成为经济增长新引擎，数据作为核心生产要素成为基础战略资源，数据安全的基础保障作用也日益凸显。伴随而来的数据安全风险与日俱增，数据泄露、数据滥用等安全事件频发，给个人隐私、企业商业秘密、国家重要数据安全等带来了严重的安全隐患。

5.4.1　区块链服务中的数据隐私保护

数据隐私的缺乏是区块链服务的主要局限之一。区块链上的所有信息均向区块链参与者公开，区块链网络中没有特权用户，无论区块链是公共的、联盟的还是私有的。在公链上，新参与者可以自由加入区块链网络，并访问区块链上记录的所有信息。任何关于公共区块链的机密数据都会公开，也有一些隐私方面的挑战，可能会阻碍区块链的应用[18]。通过分析全局账本中的交易记录，潜在攻击者有可能对用户的交易隐私和身份隐私带来威胁，目前的保护措施主要包括混币、环签名、零知识证明等[19]。

隐私安全方面，文献[20]分析了区块链中的隐私威胁，并讨论了现有的密码防御机制，即匿名性和事务隐私保护；文献[21]分析区块链的隐私和安全问题如何影响用户的态度和行为，引入一种关键的启发式方法来评估区块链中的信任，提出了一个以安全性和隐私性为主要影响信任和行为意图因素的区块链用户模型；针对隐私保护机制，文献[22]提出一种新的组织级隐私保护机制，实现了用户间交易向组织间交易的转化，进一步实现了隐私保护与安全监管的平衡；文献[23]提出一种面向 DaaS 应用的两级隐私保护机制；文献[24]提出了一个基于联盟区块链的本地化 P2P 电力交易系统，改进了交易安全性和隐私保护。

隐私保护框架方面，文献[25]通过将区块链网络划分为不同的渠道来保护数据隐私；文献[26]提出了一个隐私保护的区块链系统，在一个可控的时间段内对所有数据进行加密；文献[27]也提出了基于区块链技术的轻量级物联网信息共享安全框架；文献[28]提出 MeDShare，这是一个解决医疗大数据托管机构之间在无信任环境下的医疗数据共享问题的系统；文献[29]研究了使用区块链技术保护云中托管的医疗数据的潜力；文献[30]综述了近十年来有关安全和隐私保护的医疗数据共享的最新方案，重点介绍了基于区块链的方法。

5.4.2 数据隐私保护策略

数据共享与交易系统中的数据隐私保护是指在保护数据本身不对外泄露的前提下实现数据分析计算的一类信息技术，是数据科学、区块链、服务计算、密码学、人工智能等多种技术体系的交叉融合。

1. 数据安全技术层面

从技术实现原理上看，数据隐私计算主要分为密码学和可信硬件两大领域。密码学技术目前以多方安全计算等技术为代表；可信硬件领域则主要指可信执行环境。此外，还包括基于以上两种技术路径衍生出的联邦学习等相关应用技术。

（1）可信计算。可信计算的核心目标是保证系统与应用的完整性，从而确保系统或者软件运行在设计目标期望的可信状态。基本思想是在计算机系统中，建立一个信任根，从信任根开始，到硬件平台、操作系统、应用软件，逐级度量，把这种信任扩展到整个计算机系统，并采取防护措施，确保计算资源的数据完整性和行为的预期性，从而提高计算机系统的可信性。

（2）密码学应用。密码学应用是指基于密码学，与人工智能、区块链等学科技术交叉融合，实现面向隐私信息全生命周期保护的计算理论和方法，目的是在保障数据本身不对外泄露的前提下实现数据分析计算。有很多融合了密码学的子技术应用，如安全多方计算、同态加密、零知识证明、联邦学习等技术。安全多方计算（secure multi-party computation，SMPC）是一种分布式计算和加密方法，主要研究的是在无可信第三方的情况下，如何安全地计算一个约定函数的问题。安全多方计算允许多个参与方在使用机密数据时数据“不出门”，可用不可见。安全多方计算技术的核心思想是设计特殊的加密算法和协议，从而实现利用加密数据直接进行计算，获得计算结果，同时不知道数据明文内容。同态加密，即通过利用具有同态性质的加密函数，对加密数据进行运算，同时保护数据的安全性。同态加密允许对密文处理后仍然是加密的结果，即对密文直接进行处理，跟对明文进行处理后再对处理结果加密，得到的结果相同，从抽象代数的角度讲，保持了同态性。同态加密对于数据安全来讲，更关注于数据的处理安全，并提供一种对加密数据处理的功能，处理过程无法得知原始内容，同时数据经过操作后还能够解密得到处理好的结果。零知识证明，即证明者（prover）有可能在不透露具体数据的情况下，让验证者（verifier）相信数据的真实性。零知识证明可以是交互式的，即证明者面对每个验证者都要证明一次数据的真实性；也可以是非交互式的，即证明者创建一份证明，任何使用这份证明的人都可以进行验证。零知识证明目前有多种实现方式，如 zk-SNARKS、zk-STARKS、PLONK 以及 Bulletproofs。每种方式在证明大小、证明者时间以及验证时间上都有自己的优缺点。联邦学习，其本质是分布式的机器学习，在保证数据隐私安全的基础上，实现共同建模，以提升模型的效果。联邦学习的目标是在不聚合参与方原始数据的前提下，实现保护终端数据隐私的联合建模。根据数据集类型不同，联邦学习分为横向联邦学习、纵向联邦学习与联邦迁移学习。

（3）差分隐私。差分隐私旨在提供一种当从统计数据库查询时，可以最大化数据查询准确性，同时最大限度减少识别其记录的机会。差分隐私有两个重要特性，一是差分隐私会假设攻击者能获得目标记录以外的所有其他信息；二是差分隐私是一种建立在严格的数学定义之上的可量化评估的方法。

2. 软件架构层面

从软件架构入手，分而治之机制上构建数据隐私保护。

（1）数据归属影响数据交易效应，同时数据高冗余存储会造成存储空间巨量增长，因此不能把所有的数据都放在一条链上，只有敏感和小数据存储在主链上。

（2）以技术手段实现数据的“三权”分置。数据所有方拥有局部数据（大数据），数据使用方从利于数据分析处理出发可以只得到分析结果而不一定获取源数据。

通过隐私保护数据共享协同实现机制构建以优化、量化数据交易服务的资源共享能力，由此建立数据“不求所有、但求所用、召之即来、挥之即去”的数据服务使用规则。通过数据确权，厘清数据权责关系，实现数据在合规场景下的合规交换与资产化。

区块链上所有信息均向区块链参与者公开，大量数据上链势必造成区块链存储和共识算法巨大负担。通过 BDaaS 资源共享能力提升，关注 BDaaS 数据服务高可用性，即高时效、可信和支持监管，在数据隐私保护基础上实现高效率数据交易服务。

本章小结

本章从软件体系结构视角出发，在架构层面进行高时效数据交易和数据隐私保护方面的顶层设计，构建支持资源共享 BDaaS 的高可用体系结构。

我们设计了区块链服务支持资源共享数据服务 BDaaS 高可用体系结构。高可用即高时效、可信和支持监管，该体系结构分为三层，即核心资源层、服务层、应用层。

BDaaS 高可用体系结构服务于高时效数据交易技术。数据交易服务的性能指标主要包括交易吞吐量和延时两方面，但是交易效率低成为其落地应用于数据交易的瓶颈，我们主要从软件架构出发提升数据交易效率，即分而治之机制上构建高时效数据交易技术，提出算法跑路代替源数据直接交互的数据安全共享与业务协同实现方法。

从软件架构入手，同样通过分而治之机制来构建 BDaaS 数据服务平台的数据隐私保护方案。数据共享与交易系统中的数据隐私保护是指在保护数据本身不对外泄露的前提下实现数据分析计算的一类信息技术，是数据科学、区块链、服务计算、密码学、人工智能等多种技术体系的交叉融合。

主要参考文献

[1] 张友生．软件体系结构：原理、方法与实践[M]．北京：清华大学出版社，2021.

[2] BASS L, CLEMENTS P, KAZMAN R. Software architecture in practice[M]. Addison-Wesley Professional, 2003.

[3] 李必信，廖力，王璐璐，等．软件架构理论与实践[M]．北京：高等教育出版社，2019.

[4] SHAW M, GARLAN D. Software architecture: perspectives on an emerging discipline[M]. Prentice-Hall, Inc., 1996.

[5] 董超华．数据中台实战[M]．北京：电子工业出版社，2020.

[6] 华为公司数据管理部．华为数据之道[M]．北京：机械工业出版社，2021.

[7] DAI W, DAI C, CHOO K K R, et al. SDTE: A secure blockchain-based data trading ecosystem[J]. IEEE Transactions on Information Forensics and Security, 2019, 15: 725-737.

[8] YUE X, WANG H, LIU W, et al. JCDTA: The data trading archtecture design in jointcloud computing[C]//2018 IEEE 24th International Conference on Parallel and Distributed Systems（ICPADS）. Singapore: IEEE, 2018: 1063-1068.

[9] SABOUNCHI M, WEI J. Blockchain-enabled peer-to-peer data trading mechanism[C]//2018 IEEE International Conference on Internet of Things（iThings）and IEEE Green Computing and Communications（GreenCom）and IEEE Cyber, Physical and Social Computing（CPSCom）and IEEE Smart Data（SmartData）. Halifax: IEEE, 2018: 1410-1416.

[10] LI Y N, FENG X, XIE J, et al. A decentralized and secure blockchain platform for open fair data trading[J]. Concurrency and Computation: Practice and Experience, 2020, 32（7）: e5578.

[11] ZHENG W, ZHENG Z, CHEN X, et al. NutBaaS: a blockchain-as-a-service platform[J]. IEEE Access, 2019, 7: 134422-134433.

[12] FERDOUS M S, MARGHERI A, PACI F, et al. Decentralised runtime monitoring for access control systems in cloud federations[C]//2017 IEEE 37th International Conference on Distributed Computing Systems（ICDCS）. Atlanta:IEEE, 2017: 2632-2633.

[13] KNIRSCH F, UNTERWEGER A, ENGEL D. Privacy-preserving blockchain-based electric vehicle charging with dynamic tariff decisions[J]. Computer Science-Research and Development, 2018, 33（1）: 71-79.

[14] SHARMA P K, KUMAR N, PARK J H. Blockchain-based distributed framework for automotive industry in a smart city[J]. IEEE Transactions on Industrial Informatics, 2018, 15（7）: 4197-4205.

[15] SHARMA P K, CHEN M Y, PARK J H. A software defined fog node based distributed blockchain cloud architecture for IoT[J]. IEEE Access, 2017, 6: 115-124.

[16] AITZHAN N Z, SVETINOVIC D. Security and privacy in decentralized energy trading through multi-signatures, blockchain and anonymous messaging streams[J]. IEEE Transactions on Dependable and Secure Computing, 2016, 15(5): 840-852.

[17] PITTL B, MACH W, SCHIKUTA E. Bazaar-blockchain: A blockchain for bazaar-based cloud markets[C]//2018 IEEE International Conference on Services Computing（SCC）. San Francisco: IEEE, 2018: 89-96.

[18] FENG Q, HE D, ZEADALLY S, et al. A survey on privacy protection in blockchain system[J]. Journal of Network and Computer Applications, 2019, 126: 45-58.

[19] 冯琦，何德彪．密码学在区块链隐私保护中的应用[J]．中国计算机学会通信，2020，16（2）：35-42.

[20] 翟社平，杨媛媛，张海燕，等．区块链中的隐私保护技术[J]．西安邮电大学学报，2018，23（5）：93-100.

[21] SHIN D D H. Blockchain: The emerging technology of digital trust[J]. Telematics and Informatics, 2019, 45: 101278.

[22] ZHENG H, WU Q, XIE J, et al. An organization-friendly blockchain system[J]. Computers & Security, 2020, 88: 101598.

[23] 周志刚，张宏莉，余翔湛，等．面向DaaS应用的数据集成隐私保护机制研究[J]．通信学报，2016，37（4）：96-106.

[24] KANG J, YU R, HUANG X, et al. Enabling localized peer-to-peer electricity trading among plug-in hybrid electric vehicles using consortium blockchains[J]. IEEE Transactions on Industrial Informatics, 2017, 13（6）: 3154-3164.

[25] MAKHDOOM I, ZHOU I, ABOLHASAN M, et al. PrivySharing: A blockchain-based framework for privacy-preserving and secure data sharing in smart cities[J]. Computers & Security, 2020, 88: 101653.

[26] ZHONG P, ZHONG Q, MI H, et al. Privacy-protected blockchain system[C]//2019 20th IEEE International Conference on Mobile Data Management（MDM）. Hong Kong: IEEE, 2019: 457-461.

[27] SI H, SUN C, LI Y, et al. IoT information sharing security mechanism based on blockchain technology[J]. Future Generation Computer Systems, 2019, 101:1028-1040.

[28] XIA Q I, SIFAH E B, ASAMOAH K O, et al. MeDShare: Trust-less medical data sharing among cloud service providers via blockchain[J]. IEEE Access, 2017, 5: 14757-14767.

[29] ESPOSITO C, DE SANTIS A, TORTORA G, et al. Blockchain: A panacea for healthcare cloud-based data security and privacy?[J]. IEEE Cloud Computing, 2018, 5(1): 31-37.

[30] JIN H, LUO Y, LI P, et al. A review of secure and privacy-preserving medical data sharing[J]. IEEE Access, 2019, 7: 61656-61669.

第 6 章　数据隐私保护下高时效数据交易服务

本章主要内容

- 高时效数据交易服务国内外研究进展；
- 链上链下数据分隔保护策略；
- 算法路由与投放下多中心协同方法；
- 面向数据交易的隐私保护数据共享机制。

6.1　高时效数据交易服务国内外研究现状

数据只有交互（交易）才有价值，异构集成的大数据服务互操作，创造 1+1＞2 的业务价值。大数据之间只有实现了互联互通互交易，才能达到资源共享、数据增值的目的，DaaS 也才有意义[1]。2019 年 2 月出版的《中国计算机学会通信》专题选择为“大数据共享与交易”[2]，旨在关注大数据共享和交易的开放平台及相关技术，指出数据资源共享研究是连接数据孤岛、促进数据流通以挖掘大数据的经济价值和释放各类数据应用潜力的关键。针对区块链的数据交易特性，2020 年 2 月出版的《中国计算机学会通信》主题为“区块链前沿技术：性能、安全、应用”[3]。

数据的流通和交易作为新兴的商业模型，已经引起企业界和学术界的高度关注。美国的 Xignite①公司运营着金融行业的数据共享，Gnip②公司出售来自社交网络的数据，Sabre③公司则交易旅行用户的订阅和查询信息。国内数据交易市场也呈现井喷式发展的态势，贵阳大数据交易所是国内第一家大数据交易所，随后上海数据交易中心④、北京国际大数据交易所⑤、海南省数据超市等类似的平台也相继出现。近期，基于区块链的分布式数据交易市场更是在业界掀起了一股热潮，如 IOTA IoT 数据市场⑥、DatabrokerDao⑦和 BAIC⑧等。在学术界，美国华盛顿大学 Dan Suciu 教授所领导的研究组是数据交易方向的开拓者，并形成了一系列相关工作[4-5]。

《美国计算机学会通信》（*Communications of the ACM*，CACM）专栏[6]和《中国计

---

① http://www.xignite.com

② https://gnip.com

③ https://www.sabre.com

④ https://www.chinadep.com

⑤ https://www.bjidex.com/

⑥ https://data.iota.org

⑦ https://databrokerdao.com

⑧ http://baic.io

算机学会通信》[1]中分析了国内数据共享与交易市场的机遇以及在数据预处理、数据质量评估、数据定价、数据安全隐私与数据追溯等方面面临的挑战。国家有关大数据发展的文件也频繁出现“大数据交易”相关的关键词。比如在 2015 年国务院印发的《促进大数据发展行动纲要》中明确提出“要引导培育大数据交易市场，开展面向应用的数据交易市场试点，探索开展大数据衍生产品交易，鼓励产业链各环节的市场主体进行数据交换和交易，促进数据资源流通，建立健全数据资源交易机制和定价机制，规范交易行为等一系列健全市场发展机制的思路与举措”。工业和信息化部于 2017 年 1 月发布的《大数据产业发展规划（2016－2020 年）》指出：“要开展数据资源分类、开放共享、交易、标识、统计、产品评价、数据能力、数据安全等基础通用标准以及工业大数据等重点应用领域相关国家标准的研制。”2020 年 4 月 9 日国务院发布的《关于构建更加完善的要素市场化配置体制机制的意见》明确指出：“加速培育数据要素市场，推进政府数据开放共享。”

不同于传统的商品，数据作为一种非独占性的特殊资源，具有增长速度快、复制成本低、潜在价值未知、所有权难确定、流通渠道难管控等特性，为构建高效、可信、公平、安全的数据共享与交易市场带来了诸多挑战[2]。

- 异构海量数据预处理：一方面，各领域不同模态的数据具有迥异的数据特性，比如金融数据具有强时间关联性，感知数据具有时空关联性；另一方面，中国人工智能产业的快速增长需要海量高质量的数据，而手工标注数据的方式仍然非常普遍。如何为异构海量数据提供高效的自动化预处理方法是数据交易市场需要解决的首要问题。
- 数据确权与数据验证：在共享交易数据之前，应该明确数据资产的各项权利，包括数据的所有权和使用权。数据不同于传统的商品，具有看过即拥有的特性，难以清晰地界定所有权。当前大数据行业大都采取以服务换取数据的方式，混淆数据的所有权和使用权，而数据所有者无从知晓和管控自身数据的使用情况。数据市场需要高效准确的数据溯源方法以达到数据来源可查、使用可查以及流向可查，并积极推进数据权益保护的相关立法。高质量的真实可信数据是数据共享交易平台的基石。数据本质上是二进制符号，卖家可以任意伪造数据，如通过对抗神经网络生成的图片数据能达到以假乱真的效果。数据交易市场需要可行的验证方法来确保数据来源的真实性、数据质量的可靠性以及数据计算结果的准确性。
- 数据安全与隐私保护：数据市场的交易安全与隐私保护对于敏感数据的共享显得尤为重要。一方面，个人隐私数据能够用来提供个性化服务与精准营销，具有较高的价值，是数据共享与交易的热门资源；另一方面，由于数据交易市场汇聚有海量的个人数据资源，数据的泄露将造成难以估量的后果。
- 数据质量和价值评估：为了保障数据交易参与方的权益，构建公平可信的规范市场，维护健康的数据交易生态，数据的质量评估和价值评估成为亟待解决的难题。质量评估关注数据内容本身的多维度特性，如完整性、准确性、精确性、一致性、时效性等，而价值评估则在评估数据质量的同时进一步综合考虑数据在生产过程中的成本和在不同任务中的产出。相关研究目前还面临许多挑战，比如特征难以量化评估，数据集合质量评估效率低，数据成本难计算，数据使用价值难预测，数据价值动态变化，等等。

- 数据定价与收益分配：数据共享交易市场的持续健康发展需要合理的数据定价机制与公平的收益分配策略。首先，数据作为信息系统的副产品，其成本估计困难。其次，数据的市场价值受到应用场景和市场上同类产品的影响，如 GPS 数据在导航应用中价值较高，在金融征信应用中则价值较低。数据应用场景的多样化和动态性大大增加了数据的市场价值评估的难度。此外，数据复杂的关联性使得数据市场的套利行为更加普遍：数据买家可以通过低价数据来推断高价数据内容。如何克服以上困难，设计合理的数据定价机制来使数据资源得到更合理的分配，并实现交易参与方的多赢，是数据交易可持续进行的重要问题。

在不同需求场景的催化下，企业正以数据价值释放为导向，构建全面的数据资产运营模式，为企业的数据价值运营提供实践参考。2021 年 11 月，浦东发展银行发布了《商业银行数据资产管理体系建设实践报告》，报告中创新性地将数据资产分类为基础型数据资产和能够直接产生价值的服务型数据资产，并从内在价值、成本价值、业务价值、经济价值、市场价值等维度开展两类数据资产的价值评估，将数据作为真正的“资产”进行运营。数据要素市场化配置的关键在于通过数据流通，使数据资源流向市场最需要的领域和方向，在生产经营活动中产生效益，以释放数据要素的价值。数据流通是指以数据作为流通对象，按照一定规则从数据提供方传递到数据需求方的过程，即数据资源先后被不同主体获取、掌握或利用的过程。

2021 年 3 月成立的北京国际大数据交易所提出构建“数据可用不可见、数据可控可计量”的新型数据交易体系，研发上线了基于隐私计算、区块链及智能合约、数据确权标识、测试沙盒等技术打造的数据交易平台 IDeX 系统，并推出了保障数据交易真实和可追溯的，数字交易合约。2022 年 1 月 6 日，北京国际大数据交易所率先建立国际化的数字经济中介产业体系，为数据要素资源价值化进程提速。

区块链服务支持资源共享 BDaaS 高时效数据共享与交易研究建立在数据服务 DaaS 发展的基础上，采取服务系统应对数据隐私和运行时交易监管的自适应手段，相关工具、方法和算法用于具体应用领域，因此研究现状及分析主要面向四个方面：区块链服务、区块链数据隐私保护、按需数据交易服务——数据自动交易和具体的实验载体领域。国内外研究现状分析如表 6.1 所示。

表 6.1　国内外研究现状分析

研究领域	研究主题	重要度	相关度	成熟度	近五年来的代表性工作重点
BaaS	BaaS 平台	◕	●	◕	uBaaS 模型 NutBaaS 平台+交易行为跟踪 基础设施
	系统架构和算法	●	◕	◐	访问控制策略 智能合约+业务过程 智能合约+IoT

续表

研究领域	研究主题	重要度	相关度	成熟度	近五年来的代表性工作重点
BaaS	BaaS 应用框架	◕	◕	◐	边缘计算服务+能源交易 社交网络+智能合约 安全云数据共享
	主要问题：（1）无法保证区块链服务系统的高时效和安全性； （2）面临着数据隐私泄露的问题。				
BDaaS 数据隐私保护	数据隐私安全	◕	◕	◕	隐私安全与用户态度行为 隐私安全问题
	数据隐私保护机制	◕	●	◐	组织级隐私保护机制 交易安全
	数据隐私保护框架	●	●	◔	智能合约访问保护 数据共享安全
	主要问题：（1）被动数据隐私方案，基本上以密码学机制为核心； （2）保护措施主要包括混币、环签名、零知识证明等。缺乏软件架构设计。				
BDaaS 交易监管与按需交易	数据交易生态	◕	◕	◕	交易生态系统 数据交易机制
	数据交易监管	●	●	◔	交易运行时监管 异常处理
	按需数据交易	●	●	◔	需求匹配 按需交易需求
	主要问题：（1）数据交易监管的解决方案缺乏可行性； （2）对于数据交易生态系统中数据交易按需变化重视不够，缺乏研究。				

综上所述，大数据共享与交易已经成了大数据时代资源共享迫切需要解决的问题，国内外在这方面相关基础和应用研究给出了初步的解决方案和工具支持，但从 BDaaS 方面着手进行数据隐私保护及服务资源应对运行时异常的自适应性和交易时有效监管实现机理研究方面仍然存在较大差距。此外，现有的大数据交易服务匹配方法，往往将服务资源创建过程与用户个性化需求独立开来，没有有效利用区块链服务特性。因此，如何在区块链服务支持下实现 BDaaS 数据隐私保护与交易监管，提升大数据共享与交易的高可用性，由此提供资源共享能力，是值得研究的方向。

6.2　链上链下数据分隔保护策略

传统的数据服务 DaaS 无法解决数据自动按需交互（交易）的问题。将区块链服务的交易相关职能特征与数据服务集成，我们提出 BDaaS 即区块链数据服务。

区块链上所有信息均向区块链参与者公开，大量数据上链势必造成区块链存储和共识算法巨大负担，目前缺乏从软件架构体制上设计来构建高时效数交易方法。区块链数据服务 BDaaS 是我们的研究对象，通过 BDaaS 资源共享能力提升，关注 BDaaS 数据服务高可用性，即高时效、可信和支持监管，在数据隐私保护基础上实现高效率数据交易服务就成为重要研究方向。BDaaS 高时效数据共享与交易整体研究方案如图 6.1 所示，研究内容体系如图 6.2 所示。

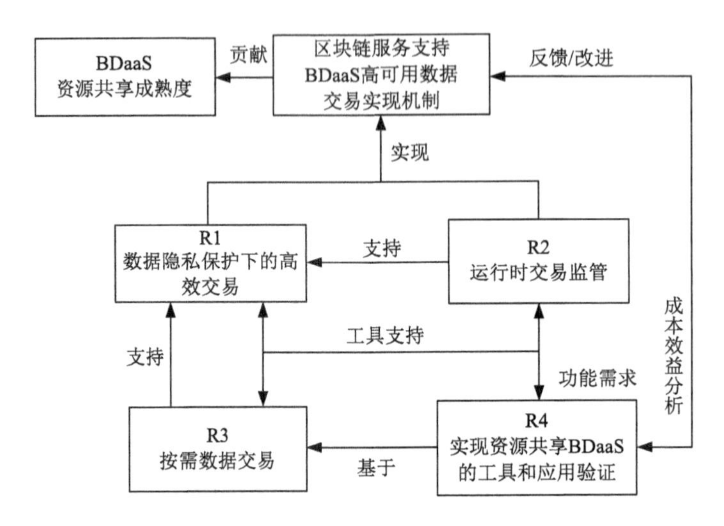

图 6.1 BDaaS 高时效数据共享与交易研究方案

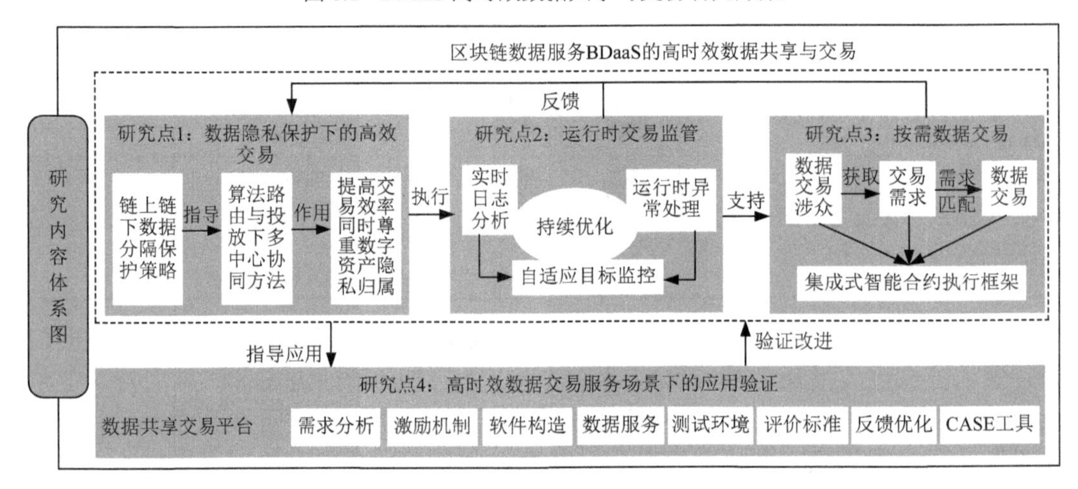

图 6.2 BDaaS 高时效数据共享与交易研究内容体系

从软件架构入手，链上链下数据分隔保护即分而治之机制上实现数据隐私保护。

（1）数据归属影响数据交易效应，同时数据高冗余存储造成存储空间巨量增长。由此采用不是把所有的数据都放在一条链上，只有敏感和小数据存储在主链上。

（2）以技术手段实现数据的“三权”分置。数据所有方拥有局部数据（大数据），数据使用方从利于数据分析处理出发可以只得到分析结果而不一定获取源数据。

（3）采用链上链下数据分隔保护策略。数据分链分处进行存储，大数据、敏感数据不一定都上链计算，进一步设计了交易算法跑路代替数据直接交互的算法路由与投放下多中心协同方法和隐私保护数据共享协同实现方法。

6.3 算法路由与投放下多中心协同方法

基于区块链的应用服务可能具有敏感数据，这些数据应仅对某些区块链参与者可用。然而，区块链上的信息设计为所有参与者都可以访问，区块链网络中没有特权用户，无论区块链是公共的、联盟的还是私有的。同时区块链网络的存储能力有限，因为它包含区块链网络所有参与者的所有交易的完整历史记录。

一旦写入不得篡改的特性造成区块链数据服务的敏感数据隐私保护问题，数据归属影响数据交易效应，同时数据高冗余存储造成存储空间巨量增长。由此不能把所有的数据都放在一条链上，只有敏感和小数据存储在主链上。例如，食品质量追溯系统可以将追溯法规要求的追溯信息（如追溯编号和结果）存储在主链，而将工厂生产过程照片等数据存储在次链。将数据分别存储在多链的好处是可以更好地利用区块链的属性，避免区块链数据服务的局限性。非微型数据（大数据）存储在次链或链外，可以避免主链上数据存储大小增长过快。

除了选择合适的密码技术来实现交易数据的隐私保护外，还可以根据分布式强负载状态下分而治之策略，链上链下协同从软件技术架构方向采用交易算法跑路代替数据直接交互的算法分解多中心协同方案（图 6.3）。公共服务核心在于数据规管能力，我们为数据交换、数据开放、数据维护发明了无数的规则，当面临多方数据、业务协同时往往力不从心。建立可信、透明、可追溯的区块链数据交换与业务协同服务主要技术理念——数据的“三权”分置，即以技术手段实现数据的“三权”分置，解决数字经济最核心的信任问题。

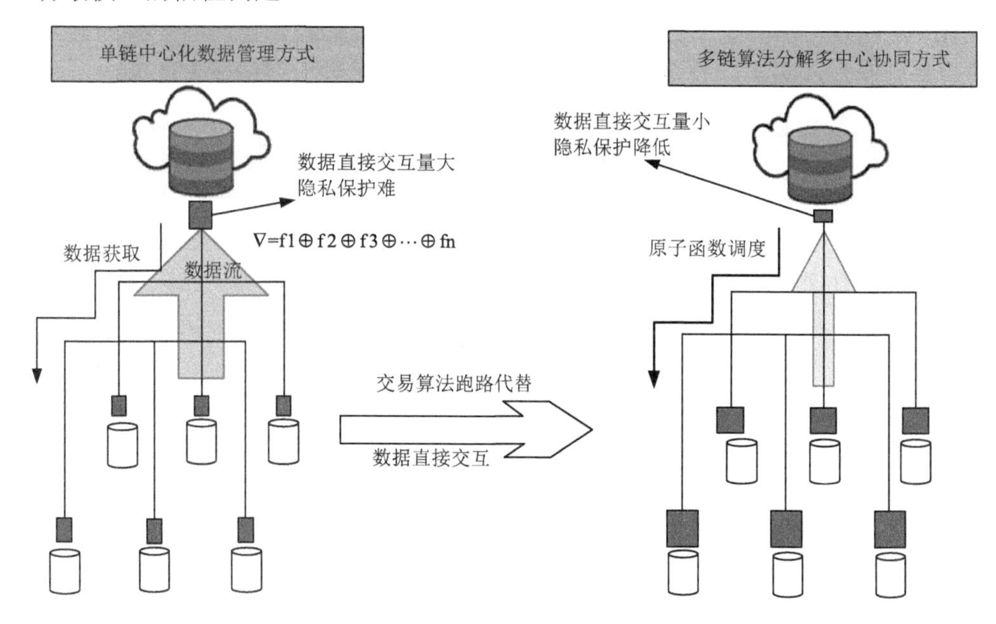

图 6.3　算法分解多中心协同

① 数据所有方（卖方）　拥有局部数据（大数据），数据日益成为核心资产。

② 数据执行方　数据交换的可信执行服务环境，填补数据所有方和使用方之间的鸿沟。

③ 数据使用方（买方）　可以只得到分析结果而不一定获取源数据。

从图 6.3 来看，在传统中心化数据管理方式下，分布式数据处理过程如下：

（1）从所有参与者（卖方）处获取数据（交易）。

（2）对所有聚合数据（大数据）集中执行相关数据分析算法。实质上数据被从数据所有方复制，由此造成网络流量大，同时增加数据所有方数据隐私风险，数据交易效率低下。

对比采用的跨网跨云部署算法分解多中心协同方式后，数据处理服务过程优化如下。

（1）分解数据处理算法：通过原子函数调度、算法（固定算法或学习算法）进行分布式部署。

（2）将子算法跨域分发给单个数据参与者（卖方）：算法分发而不是数据直接交互，数据交互量小，数据隐私保护程度提高。

（3）在每个数据参与方完成数据交易服务，同时参与者执行子算法。

（4）获取每个参与者返回的数据处理结果：对数据只需要运算结果，不需要数据所有权。

（5）汇总数据处理结果。

算法路由与投放下多中心协同方法在分布式学习算法分发应用典型的是联邦学习[7-8]。联邦学习理论上可有效实现“数据不出门，可用不可见”，在工业界得到了广泛的应用。但目前对于联邦学习框架的研究处于初级阶段，所提出的方案存在利益分配策略不明确和通信成本较高等问题，难以保证参与方间的公平性和数据交易的可靠性。同时，对于后门攻击等恶意节点作恶行为的识别方案比较初级，不具备完善的异常行为处罚和监测能力。其次，较多研究工作的框架设计缺乏对于存储成本的考虑，完全去中心化的服务理念造成了极高的额外开支。

由此采用“多技术、全方位”的研究思路，以研究的问题（利益分配策略不明确、节点作恶攻击、通信效率低、中心化、缺少任务调度机制）为切入点，深入剖析其关键流程和机理，通过多技术融合（开放联盟链、同态加密、自适应优化调度算法和分布式数据存储）的方法进行联邦学习过程的全方位优化，系统性探索高可用的联邦学习框架和流程，最终完成设计并开发高可靠性、高效率的数据交易和共享平台及实践应用。

如图 6.4 所示，以开放联盟链技术、同态加密、自适应优化算法和星际文件系统为支撑，采用多技术融合的方案，致力于构建高可靠性的联邦学习框架，从而支持高效的数据交易服务，共同指导完成数据的有效利用，打破数据孤岛。

（1）使用 Solidity 编程语言开发利益分配和训练数据存证、溯源等模块智能合约，设计数据调用接口用于服务端调用。同时，分析 BSN、蚂蚁开放联盟链等服务平台 SDK 及接口数据格式、数据调用流程和代码实现逻辑，并结合压测工具对链端性能进行测试，以实现满足联邦学习训练数据散列值以及利益分配数据上链存储的需求和异常行为溯源。

（2）对目前应用较为广泛的多目标优化算法（如粒子群算法、天牛须算法等）结合数据需求关联方案进行改进，基于 Java 语言进行开发实现，通过控制变量方案完成自适应任务优化调度模块。

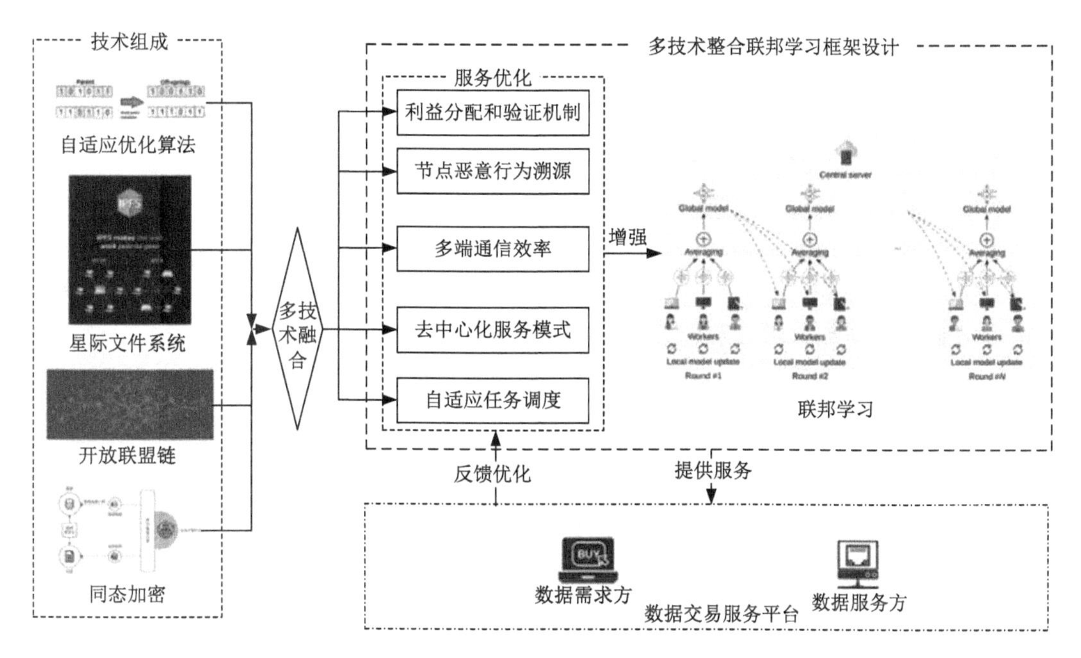

图 6.4 数据交易驱动的多技术融合联邦学习方法

（3）对分布式数据存储技术——星际文件系统（interplanetary file system，IPFS）使用应用方案设计多方间数据交互协作方案，使用 java-ipfs-api 等 SDK 进行调用，完成联邦学习多参与方间模型数据交互模块的代码开发，并通过 Jmeter 等工具编写测试脚本，对数据通信成本即成功率、时延等进行数据分析，完成联邦学习训练过程中通信效率评估。

（4）基于现有的同态加密进行研究，结合开源技术，基于加密数据进行数据模型验证方案，完成利益分配可信验证模块。

（5）基于 SpringBoot、Vue、ElementUI 等框架对所完成的各个模块进行整合，并使用前后端分离的方案进行系统设计，同时基于 Docker、Kubernetes 等容器化编排技术进行项目部署。

6.4 隐私保护数据共享机制

按照 6.3 节算法路由与投放下多中心协同方法，BDaaS 高时效数据共享与交易建立在数据“不求所有、但求所用、召之即来、挥之即去”的数据服务使用规则上。进一步通过数据确权、厘清数据权责关系，实现了数据在合规场景下的合规交换与资产化。具体数据服务运行过程采取如图 6.5 所示的隐私保护数据共享协同实现的方案，建立链上链下主次链数据隐私隔离方法，通过目录链（主链或链上）小数据提供到数据提供方（次链或链外）大数据的连接功能，设置目录链前置驱动合约访问数据提供方完成数据交易，通过计算前置机分发数据处理（交易）子算法。

在数据存储到数据提供方之前，可以使用非对称（或对称）加密对数据进行加密。其中一个数据参与方（卖方）生成密钥对并将解密密钥通过目录链访问合约分发给参与方（买方）。相关参与者可以在使用加密密钥将数据放入链之前对其进行加密。只有拥有解密密钥的相关参与者才能解密数据。默认情况下，智能合约没有所有者，因为在链上运行的智能合约可以被所有区块链参与者访问和调用。一旦部署了智能合约，智能合约的作者就没有对智能合约进行调用的特殊权限。未经授权的用户可能意外触发无权限功能，这成为基于区块链的应用程序的漏洞。例如，奇偶校验多签名钱包使用的智能合约库中发现了一个无权限功能，导致约 500k 以太币冻结。可以在每个智能合约函数中添加权限控制，以便在执行函数逻辑之前，根据调用方的区块链地址检查每个函数调用方的权限。来自未经授权的区块链地址的呼叫将被拒绝。

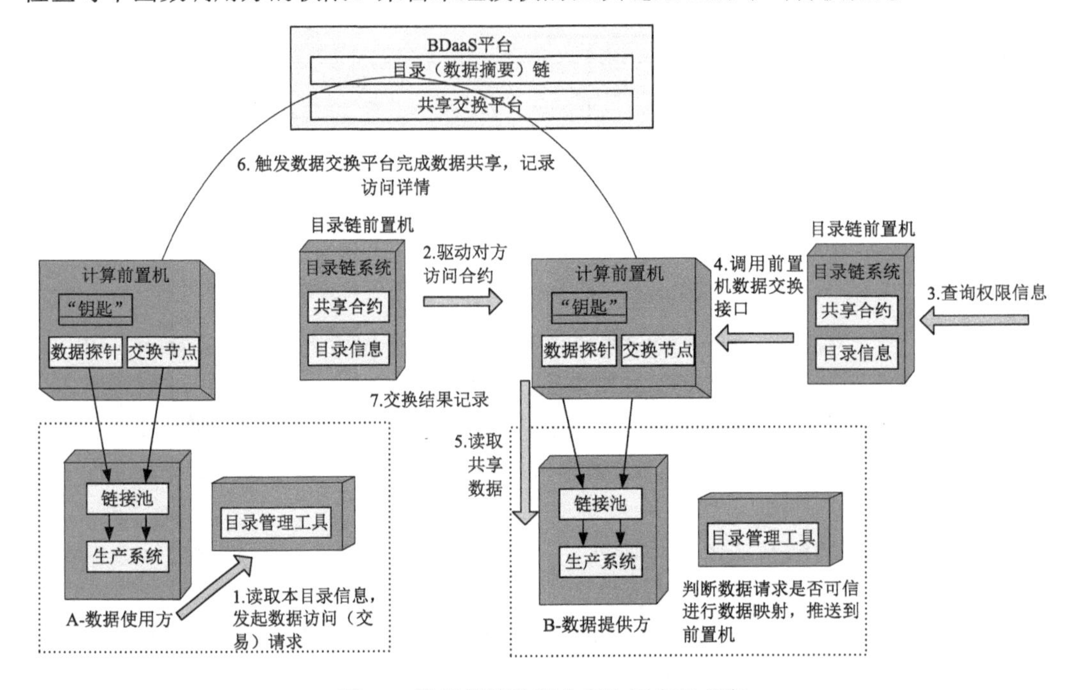

图 6.5　隐私保护数据共享协同实现方案

由于链上的块具有有限的大小（例如，Ethereum 具有控制数据大小、计算复杂度和块中包含的事务数的块 gas 限制），所以在事务中存储大量数据是不可能的。哈希值由哈希函数生成，该函数将任意大小的数据映射到固定大小的数据，并且是不可逆的。对数据的任何更改都将导致相应哈希值的更改。如何在区块链上存储任意大小的数据以保证数据的完整性是一个问题。解决方案是对于大数据（本质上是大于其散列值的数据），原始数据的散列值不是直接存储在数据提供方，而是存储在目录链上。

本章小结

本章首先综述了高时效数据交易服务领域国内外研究进展，通过图表对国内外研究现状进行了总结。大数据共享与交易已经成了大数据时代资源共享迫切需要解决的问题，国内外在这方面相关基础和应用研究给出了初步的解决方案和工具支持，但从 BDaaS 方面着手进行数据隐私保护及服务资源应对运行时异常的自适应性和交易时有效监管实现机理研究方面仍然存在较大差距。

在 BDaaS 高时效数据交易中，迫切需要通过链上链下数据分隔保护等隐私保护服务机制来提高数据交易的效率和安全，这为面向交易的数据隐私保护提出了新的要求。

我们从软件架构入手构建数据隐私保护，提出算法跑路代替源数据直接交互的数据安全共享与业务协同实现方法，建立数据“不求所有、但求所用、召之即来、挥之即去”的数据服务使用规则。由此设计完整的数据“三权”分置、链上链下数据隐私隔离、跨网跨云部署算法分解多中心协同等数据高效交易的体系结构和实现方法及链上链下协同服务，重点关注实现可行性和执行简便有效。

算法路由与投放下多中心协同方法在分布式学习算法分发应用的典型是联邦学习。联邦学习理论上可有效实现“数据不出门，可用不可见”，在工业界得到了广泛的应用，使得数据能够被合规交易和共享。隐私保护数据共享机制进一步通过数据确权，厘清数据权责关系，实现了数据在合规场景下的合规交换与资产化。

主要参考文献

[1] 李向阳，张兰，韩风，等．大数据共享及交易中的机遇和挑战[J]．中国计算机学会通信，2019，15（1）：43-51.

[2] 陆品燕，吴帆．大数据共享与交易[J]．中国计算机学会通信，2019，15（2）：8-10.

[3] 祝烈煌．区块链前沿技术：性能、安全、应用[J]．中国计算机学会通信，2020，16（2）：8-10.

[4] BALAZINSKA M, HOWE B, SUCIU D. Data markets in the cloud: An opportunity for the database community[J]. Proceedings of the VLDB Endowment, 2011, 4(12): 1482-1485.

[5] KOUTRIS P, UPADHYAYA P, BALAZINSKA M, et al. Toward practical query pricing with query market[C]//Proceedings of the 2013 ACM SIGMOD International Conference on Management of Data. New York:ACM, 2013: 613-624.

[6] LI X Y, QIAN J, WANG X. Can China lead the development of data trading and sharing markets?[J]. Communications of the ACM, 2018, 61(11):50-51.

[7] 杨强，刘洋，程勇，等．联邦学习套装：理论 + 实战[M]．北京：电子工业出版社，2020.

[8] 王健宗，李泽远，何安珣．深入浅出联邦学习：原理与实践[M]．北京：机械工业出版社，2021.

第7章　智能合约安全机制

本章主要内容

- 智能合约安全研究现状及分析；
- 智能合约工作原理；
- 智能合约安全；
- 智能合约漏洞检测技术；
- 基于动静态结合的智能合约符号执行检测。

有代码的地方就会有安全问题。区块链数据服务 BDaaS 计算平台之灵魂——智能合约更是如此，智能合约安全机制的应用研究需求巨大。

7.1　智能合约安全研究现状及分析

7.1.1　区块链智能合约安全现状

智能合约的初衷是以代码的形式、公平地执行数字计算的逻辑、最终实现修改链上状态的目的。智能合约作为一段代表着法律的代码，自身也存在着许多问题。由于智能合约的代码涉及数字资产，一旦合约代码被利用可能会造成巨大的损失，近几年因为智能合约设计缺陷导致数字资产遭受损失的数额达到数万亿美元。2016 年著名 DAO 攻击[1]导致了 6000 万美元的损失；2017 年 Parity 钱包遭受了两次不同漏洞攻击，一次导致了 6000 万美元的损失[2]，一次冻结了超过 1.5 亿美元的以太币[3]；2018 年美链 BEC 智能合约受到攻击，攻击者可以无限生产代币，致使代币的价格大跌至接近于零。近几年层出不穷的攻击事件让智能合约的安全性受到广泛关注。

目前智能合约安全仍然处于初级发展阶段[4]，区块链公开透明的特点使得智能合约代码可以轻松获取，攻击者往往通过分析智能合约的代码缺陷，寻找攻击突破口，这就要求智能合约的开发者具有足够高的安全合约开发的经验和能力。但是，随着区块链应用功能的不断丰富，即使可以很好地避免智能合约语法层面的漏洞，由于业务逻辑设计的复杂度不断提高，随之会产生许多意想不到的业务逻辑漏洞，这也是目前智能合约安全面临的非常严峻的考验。倪远东等[5]将智能合约的威胁总结为三个层面总共 15 种的安全漏洞，但在实际的智能合约安全审计工作与区块链攻击事件漏洞原理分析中，大部分的漏洞还是存在于复杂的业务逻辑设计的漏洞。因此，智能合约安全威胁可以分为四个层面：合约语言、虚拟机、区块链和业务设计逻辑漏洞。

在这些层面中，合约语言层的漏洞在区块链安全攻击中分布最广泛，它主要包括变量覆盖、整数溢出、重入、任意地址写入等。要求合约的开发者熟知常见的合约层面漏洞的原理以及避免该漏洞的方法。同时，智能合约语言作为比较年轻的计算机语言，自身更新迭代的速度非常快。新老版本的不兼容也给合约检测工作增加了一定的挑战。业务逻辑设计漏洞的种类多变，随着区块链应用的不断创新，漏洞类型也在不断增加。其中最典型的包括操纵价格预言机套利、闪电贷攻击、操纵流动性套利等。在漏洞检测工作中不仅需要熟练掌握基本的智能合约安全漏洞检测技能，还需要熟悉区块链业务的逻辑设计。虚拟机层面漏洞主要来自两个方面：一个是虚拟机设计的规范及运行机制存在问题；另一个是没有严格地按照虚拟机的规范实现而导致的问题。常见漏洞包括短地址攻击、代码注入等。区块链自身的逻辑设计及规范也会带来许多区块链特有的漏洞类型，主要包括时间戳依赖、条件竞争、随机性不足等。

7.1.2 现存智能合约安全检测工具

目前智能合约安全漏洞扫描技术主要包括模糊测试、符号执行、形式化验证、污点分析等。文献[6]提出了一个以太坊平台上的自适应模糊 sFuzz，将 AFL 模糊器中的策略与针对难以覆盖分支的高效轻量化多目标自适应策略相结合，实现比较彻底的智能合约测试；文献[7]提出借助符号执行引擎来产生大量优秀的调用序列，再通过神经网络来学习这些优秀的调用序列的特征，来指导模糊测试引擎生成优秀的调度策略；文献[8]提出了一种基于 Max-SMT 的智能合约超优化方法，通过捕获算法获得栈操作语义，将获取的信息进行整合以获得最小开销代码块，实现智能合约超优化；文献 [9] 在将字节码文件转换为 3 地址表示形式的基础上，获取原本隐藏在字节码中的隐式数据流和控制流依赖关系，实现高效的反编译功能；文献[10]通过分析智能合约的依赖关系，从中获取精确的语言信息，通过符合与违反模式检查，实现以太坊智能合约的安全分析器功能；文献[11]完成了一个通用的逻辑驱动框架 TxSpector，通过调查以太坊事务以进行攻击检测，实现了重入漏洞、未校验调用漏洞、自杀漏洞三种漏洞的检测；文献[12]提出了一种基于符号执行的新方法 GasChecker 来检测智能合约字节码中效率低的编程模式，并将其定制为 MapReduce 编程模型来并行化，实现大量的抵消代码检测工作；文献[13]提出了一种针对智能合约字节码的规范化和切片技术，通过一种无监督图嵌入算法来提高字节码匹配度的方案；文献[14]提出了一种基于单词嵌入和向量空间比较等手段，实现智能合约特征自动学习的方法，可用于智能合约的克隆检测、bug 检测和合约验证等工作。

Oyente 是最早关注到自动化合约漏洞挖掘的工作之一[15]，并为其他工作提供了一个实现较为精简的合约符号执行引擎。它以智能合约字节码作为输入，包含 4 个核心组件，即控制流图生成器（cfg builder）、探索器（explorer）、核心分析器（core analysis）和验证器（validator）。控制流图生成器对合约进行预分析，为合约构建基本的控制流图，以基本块为节点，跳转关系为边。然而部分跳转关系并不能由生成器完全确定。因此，探索器会对智能合约进行符号执行，并在执行过程中将这些信息补齐。探索器承担着收集合约信息的重要责任，它本质上是一个循环，依次执行合约控制流图中各个基本块的代码。它利用 Z3 求解器对合约中的条件跳转进行求解，探索器根据求解结果决定对哪个分支进行分析，当条件跳转的两个分支条件都有解时，两个分支都会被探索。分析器是 Oyente 的另一个重要组件，用于根据探索器收集的信息，识别合约漏洞。Oyente 的验证器用于过滤分析器所产生的误报。整体来说，Oyente 是一个字节码层面的合约漏洞挖掘工具，在符号执行的过程中对程序控制流图进行动态探索，并通过路径约束、变量来源等信息对合约漏洞进行检测。目前存在以下问题：虽然是利用符号执行进行智能合约漏洞检测的开创性工作，但是 Oyente 的部分检测方案并不完善，涉及的漏洞面也不够全面。

Echidna 是最早开源的智能合约模糊测试方案之一，由安全研究组织 Trail of Bits 在其博客上发布[16]。Echidna 提供了一个完善的以太坊智能合约模糊测试框架，其可以对智能合约源代码进行分析和模拟执行，并生成符合合约调用规范的随机的交易数据来对合约进行模糊测试。Echidna 引入了覆盖率信息来检测模糊测试的执行效率，但并没有深入探讨更加有效的种子生成策略。此外，Echidna 并没有提供通用的漏洞检测手段，而是需要测试人员自行在合约源代码中增加特定的漏洞检测代码，并通过返回值状态来指示是否发生漏洞。

Securify[10]是另一个形式化验证方面比较典型的工作。其从智能合约程序的字节码中推断出语义事实，并将语义事实用 Datalog 语法进行描述。Datalog 是一种基于逻辑的编程语言规范，分为事实和规则两个部分。在推断出程序的语义事实后，Securify 将其与预先定义好的安全属性规则进行检查。安全属性规则分为服从模式和违反模式，通过语义事实与两种模式的匹配情况来检测合约的安全性。

符号执行可以更准确地探索出合约代码的路径分支，形成代码的执行树，但是在此过程中往往会消耗过多的计算资源以及面临路径爆炸等问题[17]；模糊测试技术根据合约的运行时信息来确定该合约某一漏洞是存在的，但是前提需要生成大量高效的输入，来确保程序覆盖率；形式化验证则是将合约进行转化并建模分析，以达到最大化地近似真实语义的目的，但是其漏洞检测的效率取决于建模的精度以及检测模式的设计等，虽然速度快，但是误报率较高。

7.1.3 智能合约存在的安全问题

目前已有众多学者开始关注智能合约的安全问题，相关智能合约安全检测方法和工具在某些特定的领域适用，但要真正实现生产中的应用还有很多工作要做。同时目前主要的智能合约语言 Solidity 也在不断发展和变化，使得原有的检测工具已不再适用。

智能合约安全问题主要体现在以下三个方面。

（1）缺少技术创新性。目前现有的智能合约漏洞检测技术很大一部分是借鉴传统程序的软件漏洞思想演变而来的，若只是对已有技术的生搬硬套很难实现高效的、具有针对性的智能合约安全漏洞检测工具[18]。在进行智能合约安全漏洞检测工具实现时，应结合智能合约的语言特性及其区块链上合约存储状态等关键性息，完成智能合约的安全漏洞检测工作。

（2）处于发展初期，产业闭环还未建立。智能合约安全漏洞检测工具不仅要实现对源代码的动态模糊测试等工作，更要实现二进制字节码文件的反汇编、反编译等工作，生成中间语言或目标语言，并在此基础上实现进一步的漏洞分析工作[19]。现存的智能合约字节码反编译语言、工具等并未成熟，要实现高精度的智能合约漏洞安全扫描还有很多工作要做。

（3）现存的技术难题需要攻克。在现存的研究中发现，静态检测技术包括数据流分析、形式化验证等方法，具有速度快、范围广等特点，但是假阳性过高；动态检测技术（如模糊测试、动态污点分析、符号执行等）虽然可以真实地还原出智能合约的漏洞情况，但往往面临着资源消耗过大、路径爆炸等问题，导致漏洞检测效率较低[20]。在静态的分析中实现细粒度的精确建模、实现动态检测过程中的效率优化等问题，是智能合约漏洞检测工作中亟待解决的技术问题。

7.2　智能合约工作原理

以太坊区块链有两种不同类型的账户：外部所有账户（externally owned account，EOA）和合约账户，两种类型的账户都通过以太坊地址标识。EOA 由以太坊以外的软件（如钱包应用程序）控制，合约账户由在以太坊虚拟机（Ethereum virtual machine，EVM）内运行的软件控制，运行软件逻辑的代码则被称为智能合约。

7.2.1　智能合约的定义与特点

在 20 世纪 90 年代，密码学家 Nick Szabo 提出了智能合约这个术语，并定义为“一组以数字形式规定的承诺，包括各方在其他承诺中履行的协议”[21]。自此以来，智能合约的概念得到了发展，尤其是在 2009 年比特币的发明引入了去中心化区块链之后。大多数情况下，我们使用“智能合约”来指代在以太坊虚拟机环境中确定性运行的不可变的计算机程序，该虚拟机作为一个去中心化的世界计算机而运转。它具有以下特点。

1. 计算机程序

智能合约只是一段计算机程序，合约这个词在这方面没有法律意义。

2. 防篡改性

智能合约的防篡改性是由区块链的防篡改性衍生而来的。智能合约的每一步操作都记录在区块链上，这些数据都能够防篡改[22]；同时智能合约在可信执行环境下执行，执行过程也具有防篡改性；而且智能合约在相同操作下的结果具有一致性，因此智能合约的执行结果也具有防篡改的性质。

3. 一致性

智能合约的一致性和区块链的一致性关系密切。区块链通过共识达成各节点区块的一致性，因此对智能合约来说操作记录是一致的，最后执行的结果在各个不同节点上也具有一致性。需要注意的是这种一致性在可能分叉的链上并不一定成立，不同分叉数据不一定一致，因此结果也不一定是一致的。此外，智能合约的一致性意味着相同操作下的结果具有一致性，即每次对相同输入操作的输出是一致的。这个性质保证了智能合约的防篡改性和各节点数据的一致性，但也导致智能合约生成的随机数可获取或者可预测，这是智能合约的一个弱点。

4. 可审计性

智能合约的执行过程和结果并不一定透明，不透明性是为了提供隐私保护能力，由两个因素造成的：智能合约在不公布代码或函数/变量相关信息时，这些相关信息将会是不透明的；智能合约中可能使用一些隐私保护技术，如对信息采取对称/非对称加密，对数值的同态加密/零知识证明等。区块链带来的防篡改性和一致性决定了智能合约的结果是不可抵赖的，同时每一次变更操作的上链保证了信息的可追溯性，这些特性即构成智能合约的可审计性。因为不具有完全的透明性，审计时需提供相关信息，使审计内容可读。

5. 自动化执行

智能合约的自动化执行是指在触发指定函数后能够按照代码自动执行所有操作，如果某一步操作出现错误，则自动回滚到触发前状态。需要注意的是目前的智能合约技术里并不包含主动获取链外的信息的方式，如获取股票信息等操作。对于这种类型的操作，需要用到预言机技术。

6. 运行环

智能合约可以访问自己的状态，调用它们的交易的上下文以及有关最新块的一些信息[23]。

7.2.2 智能合约的生命周期

智能合约通常以高级语言编写，例如 Solidity 语言。但为了运行，必须将它们编译为 EVM 中运行的低级字节码。一旦编译完成，它们就会随着转移到特殊的合约创建地址的交易被部署到以太坊区块链中[24]。每个合约都由以太坊地址标识，该地址源于作为发起账户和随机数的函数的合约创建交易。合约的以太坊地址可以在交易中用作接收者，可将资金发送到合约或调用合约的某个功能。Solidity 的代码生命周期离不开编译、部署、执行、销毁这四个阶段，如图 7.1 所示。

经编译后，Solidity 文件会生成字节码，这是一种类似 JVM 字节码的代码。部署时，字节码与构造参数会被构建成交易，这笔交易会被打包到区块中，经由网络共识过程，最后在各区块链节点上构建合约，并将合约地址返还用户。当用户准备调用该合约上的函数时，调用请求同样也会经历交易、区块、共识的过程，最终在各节点上由 EVM 虚拟机来执行。

合约只有被交易调用时才会运行。以太坊区块链的所有智能合约均由 EOA 发起。合约永远不会“自行”运行，或“在后台运行”。

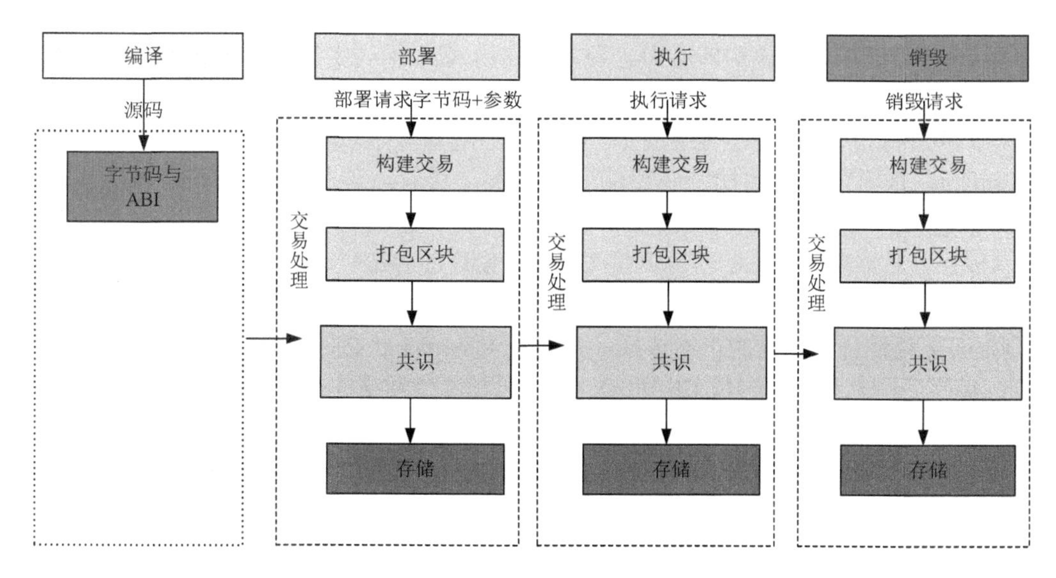

图 7.1　Solidity 智能合约的生命周期

无论调用多少合约或这些合约在被调用时执行的是什么，仅在交易成功终止时记录全局状态（合约，账户）等的任何更改，即交易原子性。交易成功终止意味着程序执行时没有错误。如果交易由于错误而失败，则其所有效果（状态变化）都会“回滚”。失败的交易仍存储在区块链中，并从原始账户扣除 gas 成本，但对合约或账户状态没有影响。

合约的代码不能更改，但合约可以被“删除”，即从区块链上删除代码和它的内部状态（变量）。要删除合约，需要执行名为 selfdestruct（自毁函数）的 EVM 操作码，该操作码将区块链中的合约移除。这种方式删除合约不会删除合约过往的交易历史，因为区块链本身是不可变的，但它确实会从所有未来的区块中移除合约状态。

7.2.3　智能合约编程语言

一般来说，编程语言可以分为两种编程范式：声明式和命令式。在声明式编程中，编写函数表示程序的逻辑，而不是流程。声明式编程用于创建没有副作用的程序，意味着在函数之外没有状态变化。声明式编程语言包括 Haskell、SQL 和 HTML 等。相反，命令式编程就是程序员编写一套程序的逻辑和流程结合在一起的程序。命令式编程语言包括 BASIC、C、C++和 Java。有些语言是“混合”的，这意味着它们鼓励声明式编程，但也可以用来表达一个必要的编程范式。这样的混合体包括 Lisp、Erlang、Prolog、JavaScript 和 Python。一般来说，任何命令式语言都可以用来在声明式的范式中编写，但这样会导致代码的低可读性。相比之下，纯粹的声明式语言不能用来写入一个命令式的范例，在纯粹的声明式语言中，没有“变量”。

虽然命令式编程更易于编写和读取，并且程序员更常用，但编写按预期方式准确执行的程序非常困难。相比之下，声明式编程更难以编写，但避免了副作用，使得程序的行为更容易理解。

C++通常用于构建区块链协议的主要原因有两个：严格控制内存和 CPU 使用率的

能力；快速验证和传播区块的能力。中本聪使用 C++编写了比特币的核心代码，其他几个区块链项目也使用了比特币核心 C++代码库，包括比特币源代码分支，例如比特币现金和莱特币。以太坊网络的原始实现是用 C++、Go 和 Python 语言编写的。CryptoNote 是面向隐私的加密货币的应用程序层协议，最初是用 Java 编写的，但在 2013 年使用 C++进行了重写。

Golang 通常简称为 Go 语言，是 Google 设计的静态类型的编译语言。Go 语言被设计为快速地仅花费几秒钟就可在单台计算机上构建大型可执行文件，这些特性使其成为核心区块链合约开发的可靠选择。目前处于 Alpha 状态的 chainlink Golang 节点是用 Go 编写的，它将继续构成 Chainlink 分散式预言机网络的基础。

Solidity 是一种静态类型的、面向对象的合约编程语言，专门为以太坊虚拟机的智能合约开发而创建。Solidity 具有类似于 JavaScript、C++或 Java 语法的过程式（命令式）编程语言。Solidity 是以太坊区块链智能合约中最流行和最常用的语言。

LLL 函数式（声明式）编程语言，具有类似 Lisp 的语法。LLL 是以太坊智能合约的第一个高级语言，但如今使用度并不高。Serpent 是一种命令式编程语言，其语法类似于 Python。Serpent 可以用来编写声明式代码。Vyper 是最近开发的合约编程语言，类似于 Serpent，并且具有类似 Python 的语法。Vyper 旨在成为比 Serpent 更接近纯粹声明式的类 Python 语言，但还不能取代 Serpent。Bamboo 也是一种新开发的智能合约编程语言，具有明确的状态转换并且没有迭代流（循环）。

综上所述，智能合约的开发有很多编程语言可供选择。目前在所有这些智能合约编程语言中，Solidity 是最受欢迎的，已经成为以太坊区块链甚至是其他类似 EVM 的区块链上主流的智能合约开发的编程语言。

7.2.4 智能合约开发技术

1. 以太坊 Solidity

以太坊区块链底层通过 EVM 模块支持合约的执行与调用，调用时根据合约地址获取到代码，生成环境后载入 EVM 中运行。通常智能合约的开发流程是用 Solidlity 或其他支持的合约编程语言编写逻辑代码，再通过编译器编译元数据，最后发布到链上并调用 EVM 来实现。以太坊 Solidity 智能合约处理流程如图 7.2 所示。

以太坊合约以 Solidity 语言为主，Solidity 可以理解为解释型语言，整体执行的机制接近 Java，需要预编译为字节码才可使用，但是字节码本身不会直接通过硬件执行，而是通过 EVM 执行，执行的过程是字节码调用相应的 Go 函数。

EVM 是 Solidity 的执行环境，EVM 除了作为解释器之外，还有计算 gas 消耗和执行并记录操作结果的作用，同时 EVM 里有指令集的概念。新版的指令集在 EVM 里集成了更多功能，比如可执行椭圆曲线运算等。

以太坊区块链智能合约的优势在于可移植性高且安全性好。因为 Solidity 的可移植性是基于 EVM 移植的，只要在不同平台上实现了 EVM 的相应功能，Solidity 就可以轻松做到跨平台移植，因此可以看到有不少链平台都支持 Solidity 合约。

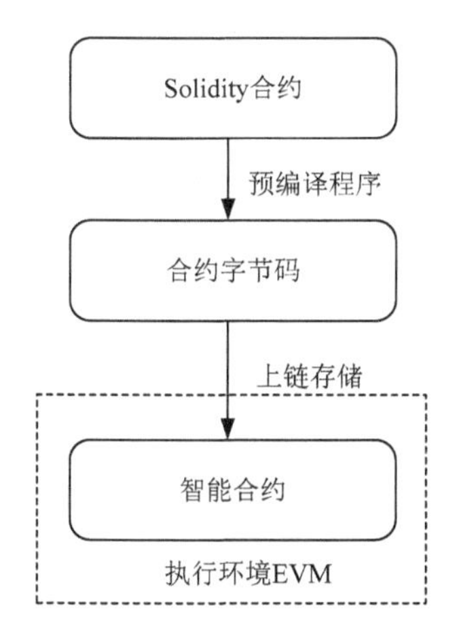

图 7.2　以太坊 Solidity 智能合约处理流程

以太坊区块链智能合约的劣势在于执行效率低。比如椭圆曲线运算会调用上百次的点加和二倍点运算，这些运算每次又要调用十数次的乘法运算，这些用 Solidity 合约执行的效率非常低。以太坊也在新版 EVM 底层开发了椭圆曲线相关运算的预编译合约，经测试这些合约的执行效率是相同功能的 Solidity 合约的上百倍。

2. 超级账本 Chaincode

超级账本合约称为链码（Chaincode），支持多种编程语言，以 Go 语言为主。超级账本使用 Docker 作为执行环境，Docker 里包含 Go 合约的运行环境和 Go 的编译器。也能支持一些解释型语言，如 Java 和 Nodejs，因此 Docker 镜像里也会有这些类型的合约的运行环境。

超级账本 Chaincode 链码处理流程如图 7.3 所示，通过链码来操作账本，当调用一个交易时，实际上是在调用链码中的一个函数方法，令它实现业务逻辑，并通过 API 对数据库进行操作。

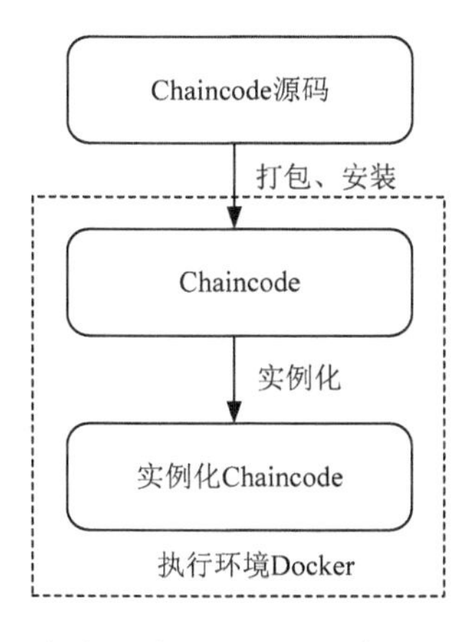

图 7.3　超级账本 Chaincode 链码处理流程

超级账本使用 Go 语言链码的优势在于执行效率高。劣势在安全性方面，除了合约代码的安全性，Docker 容器的安全性问题也需要考虑。比如 Docker 镜像中的系统、运行库等都可能带来漏洞，如果使用 Docker 编排工具管理容器，还可能带来其他漏洞，这些因素加在一起远不如单独虚拟机的漏洞容易排查。

3. CITA 智能合约

CITA 区块链框架使用的虚拟机 CITA-VM 和 EVM 采取同样的指令集，所以合约所使用的语言也是 Solidity。由于以太坊是目前全球最广泛的区块链网络，所以 Solidity 也是使用最广泛的智能合约语言，围绕它的生态是非常丰富的，包括合约调试、部署工具和保护合约安全库。

在公链上，比如比特币或者以太坊，合约由我们称为“矿工”的参与方强制执行和证明。矿工其实是多台电脑（也可以称为矿机），它们把一项交易（执行智能合约、交易转账等）以区块的形式添加到一个公开账本上。使用者需要给这些矿工支付 gas 费，它是运行一份智能合约的成本。

由于 CITA 是针对于企业的开放许可链框架，在 CITA 中矿工是出块节点，使用智能合约所需要的手续费是支付给出块节点的，gas 在这里叫作 quota，其支付比例是可以自定义调整的。

4. 其他开发技术

一些区块链链平台实现了 Wasm 虚拟机。Wasm 有一套完整的语义，是体积小且加载快的二进制格式，其目标就是充分发挥硬件能力以达到原生执行效率[25]。Wasm 运行在沙箱化的执行环境中，可在多平台的虚拟机中实现。Wasm 效率较 EVM 有很大提升，但是目前 Wasm 技术本身也在初期发展阶段，支持比较好的高级语言主要是 C++、rust 这些难度较大的语言，对智能合约开发人员来说不是很友好。

7.3 智能合约安全

以太坊是当前影响力最大的开源区块链平台，也是目前为止智能合约数量最多、漏洞类型最多、漏洞造成损失最大的区块链平台。根据以太坊智能合约漏洞发生的层次不同，可以将合约漏洞分为 4 个层面，分别是高级语言层、虚拟机层、区块链系统层和业务设计逻辑层。

7.3.1 高级语言层

1. 可重入漏洞

程序执行具有原子性和顺序性。一般来说，当调用非递归函数时，一次程序命令执行结束前，将不会有新的执行命令进入。然而，智能合约的执行并非如此，由于 Solidity 智能合约独特的回调（fallback）机制，很可能使恶意攻击者在程序命令执行结束前再次进入被调用函数。类似于大多数程序语言，以太坊智能合约处理业务逻辑时会进行跨合约的函数调用，不同的是智能合约经常涉及转账等敏感操作。此外，由于智能合约的固有特性，转账操作必定会触发接收者合约中的回调函数。当智能合约进行跨合约的转账操作时，如果这些外部调用被恶意攻击者利用，很可能会导致合约进一步地执行危险操作。例如，攻击者在其回调函数中设计恶意的攻击代码，递归调用受害者合约的转账函数以盗取以太币。以太坊可重入漏洞就是因为这种机制而产生的，造成了有史以来最著名的智能合约安全漏洞事件 DAO 攻击，不仅损失了价值近 6000 万美元的以太币，而且直接导致了以太坊硬分叉。

2. 整数溢出漏洞

整数溢出漏洞具有普遍性，很多程序中都可能存在整数溢出问题。整数溢出一般分为上溢和下溢。智能合约中的整数溢出类型包括 3 种：乘法溢出、加法溢出和减法溢出。以太坊智能合约中，一般指定整数为固定大小且无符号整数类型，即表示整型变量只能是一定范围内的数值，超过这个范围则会产生整数溢出错误。Solidity 语言的整型变量步长一般以 8 递增，支持从 uint8 到 uint256。以 uint8 类型为例，其变量长度为 8 位，支持存储的数字范围是[0，255]。若试图将大小超过这个范围的数据存储到 uint8 类型变量中，以太坊虚拟机将会自动截断高位，从而导致运算结果异常，产生整数溢出错误。不同于其他程序，智能合约整数溢出漏洞造成的损失是巨大且不可弥补的，如美链 BEC 合约的整数溢出漏洞导致其代币价值瞬间归零。目前，为了防止智能合约的整数溢出，一方面可以在算数逻辑前后进行验证，另一方面开发人员能使用安全库处理算术逻辑防止整数溢出。

3. 权限控制漏洞

智能合约权限控制漏洞产生的最根本原因是未能明确或未仔细检查合约中函数的访问权限，从而允许恶意攻击者能进入本不该被其访问的函数或变量。权限控制漏洞主要体现在两个层面。

1）合约代码层面

Solidity 智能合约函数和变量的访问限制有 4 种，即 public、private、external、internal。如果函数未使用这些标识符，那么默认情况下，智能合约函数的访问权限为 public，亦即该函数允许被本合约或其他合约的任何函数调用，这种情况可能导致该函数被攻击者恶意调用。

2）合约逻辑层面

通常使用函数修饰器对函数或变量进行约束。例如，某些关键函数需要使用修饰器 onlyOwner 或 onlyAdmin 来约束，若未给这些函数添加修饰器，任何人都有权力访问并操纵这些关键函数，则很有可能导致关键函数被恶意攻击者操纵，从而进一步地破坏智能合约逻辑。

4. 异常处理漏洞

以太坊智能合约中，有 3 种情况会抛出异常。

（1）执行过程中的 gas（即部署或执行智能合约的费用）消耗殆尽。

（2）调用栈溢出。

（3）执行语句中有 throw 命令。

一般来说，在被调用的合约抛出异常时，合约将会通过回滚的方式处理异常行为，即终止当前合约执行并恢复到上一步状态，同时返回一个错误标识符（即 false）。然而，当一个合约以不同的方式调用另一个合约时，以太坊智能合约却没有统一的方法处理异常，发起调用的合约可能无法获取被调用合约中的异常信息。例如，智能合约中的子调用发生异常时通常会自动向上级传播，但是一些底层调用函数（如 send、call、delegatecall）发生异常时只返回 false，而不抛出异常。因此仅仅根据有无异常抛出就判断合约执行是否成功是不安全的，在调用底层函数时必须严格检查返回值，并且对异常采用一致性的处理方式。

5. 拒绝服务漏洞

拒绝服务（denial of service，DoS）是以太坊智能合约常见的漏洞，攻击者通过破坏合约中原有的逻辑，消耗以太坊网络中的资源（如以太币和 gas），从而使合约在一段时间内无法正常执行或提供正常服务。针对智能合约的 DoS 攻击方式通常有以下 3 种。

（1）通过 unexpectedRevert 发动 DoS 攻击。当智能合约状态的改变由外部函数的执行结果决定并且这个执行一直失败时，若未对函数执行失败的情况进行处理，将会使智能合约处于容易遭到 DoS 攻击的状态。

（2）通过以太坊区块的 gas 限制发动 DoS 攻击。以太坊网络中每个区块都设定了 gas 上限，如果交易花费的 gas 超过上限会导致交易失败。因此，即使没有受到恶意攻击，智能合约的运行也可能因为超过 gas 限制而出现问题；更严重的情况是，若攻击者恶意操纵 gas 消耗而导致其达到区块上限，则会使合约的交易过程以失败告终。

（3）合约 owner 账户发动 DoS 攻击。很多智能合约都有 owner 账户，其拥有开启或停止合约交易的权限，若没有保护好 owner 账户，导致其被攻击者操控，很可能会使合约交易被永久冻结。

6. 类型混乱漏洞

以太坊智能合约使用高级语言 Solidity 编写，它是强类型编程语言，会自动检查程序中是否有类型匹配错误，例如在变量赋值时，若把字符串赋值给整型变量则会产生类型匹配错误。但在智能合约中，有些情况即使类型不匹配，合约在执行过程中也不会引发异常。因此，开发人员有时候会默认合约可以自行检查程序中的类型匹配问题时，往往会忽视人工检查，从而导致意料之外的漏洞发生[26]。

7. 未知函数调用漏洞

类似于大多数编程语言，智能合约通过函数名和函数参数类型确保函数的唯一性。当一个智能合约调用另一个合约中的函数时，若函数和参数类型无法匹配到被调用合约中的函数，此时将会默认调用该合约中的回退函数（fallback）。若是该回退函数中隐藏了攻击者设计的恶意操作，那么很可能会出现安全问题。

8. 以太冻结漏洞

转账操作是智能合约最重要且最独特的功能之一。智能合约可以接收数字货币转账，也可以转账给其他合约地址。一些合约自身不实现转账函数，而是通过委托调用外部合约中的转账函数来实现转账功能。然而，若是这些提供转账函数的外部合约带有自毁指令（selfdestruct、suicide）等操作时，那么通过委托调用转账函数的合约很可能会发生因为被调用合约的自毁操作而导致自身数字货币被冻结的情况[27]。

7.3.2 EVM 执行层

1. 短地址漏洞

智能合约短地址漏洞其实是利用了以太坊虚拟机自动补 0 的特性。在智能合约 ABI 规范中，输入的合约地址长度必须为 20B，当地址长度小于 20B 时，以太坊虚拟机会通过在末尾自动补 0 来满足地址长度的要求。然而，正是因为这个特性使得恶意攻击者有机可乘。例如，攻击者故意把账户地址少输 1B，以太坊虚拟机解析时就会从下一个参数（即数字货币数量）取缺少的编码位数对地址进行补全，然后在整串二进制码的末位补 0 至正常的编码位数，这就意味着数字货币数量这个参数被左移了 1B，此时若执行的是转账操作，则可能使合约转出超出实际应该转发的数字货币数量给攻击者。

2. 以太丢失漏洞

智能合约转账数字货币时必须指定接收方的合约地址，并且地址必须是规范的。若是接收方的合约地址是完全独立的空地址，即它们与任何其他用户或合约都没有关联，如果将数字货币转账给这样的合约地址，将会导致数字货币永远丢失。

3. 调用栈溢出漏洞

智能合约每调用一次外部合约或者自身调用都会增加一次合约的调用栈深度。在以太坊虚拟机中，调用栈的限制为 1024，若攻击者设计一系列的嵌套调用，最终可能会成功引发调用栈的溢出，从而进一步使智能合约处于不安全的状态。

4. tx.origin 漏洞

以太坊智能合约有一个全局变量 tx.origin，它能够回溯整个调用栈返回最初发起调用的合约地址。若是合约使用这个变量做用户验证或授权操作时，攻击者便可以利用 tx.origin 的特性创建相应的攻击合约盗取以太币。例如，攻击者在自己的 fallback 函数中调用受害者合约的取钱函数，通过诱导受害者合约转账以太币给攻击者合约，而由于“tx.origin == owner”的缘故，会导致无法检测出异常，从而使受害者合约中的以太币全部转到攻击者合约账户中。

7.3.3 区块链系统层

1. 时间戳依赖漏洞

智能合约通常使用矿工（即区块链网络中的节点或用户）确认的区块时间戳（block.timestamp）来实现时间约束，合约可以检索区块的时间戳且区块中的所有交易共享同一个时间戳，这保证了合约执行后状态的一致性。然而，创建区块的矿工可以在一定程度上刻意选择有利于其时间戳来攫取利益。

2. 区块参数依赖漏洞

以太坊智能合约中无法直接创建随机数，合约开发者往往会编写随机函数来产生随机数，一般通过区块号（block.number）、区块时间戳（block.timestamp）或者区块哈希（block.blockhash）等相关的区块参数或信息作为产生随机数的基数种子。然而，与时间戳依赖漏洞类似，由于随机数生成依赖的这些区块参数可以被矿工提前获取，这将导致生成的随机数是可预测的，从而可能会被恶意攻击者利用并产生对他们有利的随机数。

3. 交易顺序依赖漏洞

区块链网络中的交易执行顺序是由区块链网络中的矿工决定的[28]，有些合约对交易执行顺序是有严格要求的，错误的顺序可能对合约造成负面影响。如图 7.4 所示的交易顺序依赖案例，用户 1 和用户 2 同时在 t 时刻分别提交了交易 T1 和 T2，然而 T1 和 T2 的执行顺序是被区块中的矿工决定的，如果 T1 先执行，则合约状态将由 S 变为 S1，反之则变为 S2，因此最终的合约状态依赖于矿工选定的交易执行顺序。如果恶意的矿工监听到区块中对应的合约交易，便可以通过提交恶意的交易改变当前合约状态，从而有机会提前部署攻击。

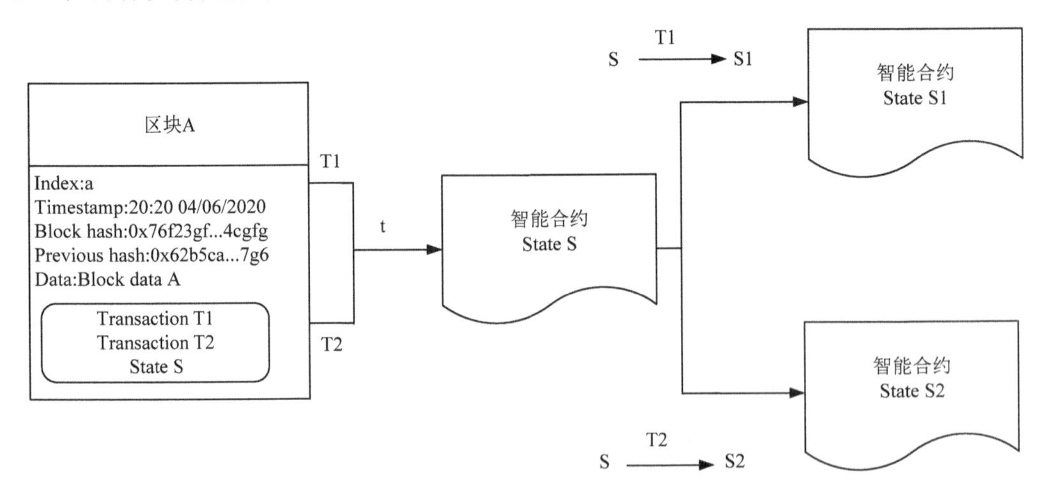

图 7.4 交易顺序依赖案例

7.3.4　防御性编程

在编写智能合约时，安全是最重要的考虑因素之一。智能合约如不能完全按写入的语句要求执行，就会造成软件 bug。此外，所有智能合约都是公开的，任何用户都可以通过创建交易来与其进行交互。

在智能合约编程领域，编程错误代价高且其漏洞容易被利用。因此，遵循最佳实践并使用经过良好测试的设计模式至关重要。防御性编程（defensive programming）是一种编程风格，特别适用于智能合约编程，具有以下特点。

1. 极简/简约

代码越简单、代码越少，发生错误或无法预料的效果的可能性就越小。

2. 代码重用

尽可能不要“重新发明轮子”。如果库或合约已经存在，可以满足大部分需求，应该重新使用它。开发代码中，遵循尽可能地减少重复工作的原则。如果试图通过从头开始构建“改进”某个功能或组件，其风险值是较大的。

3. 代码质量

智能合约代码本身是计算机语言。代码中的每个错误都可能导致经济损失，应该像通用编程方法一样对待智能合约编程，采用严谨的软件工程和软件开发方法论。

4. 可读性/可审核性

智能合约代码应清晰和易于理解。阅读越容易，审计越容易。智能合约是公开的，因为任何人都可以对字节码进行逆向工程。因此，应该使用协作和开源方法在公开场合开发工作。注意智能合约说明文档的编写，遵循统一的样式约定和命名约定。

5. 测试覆盖

测试覆盖要求测试智能合约代码的所有内容。智能合约运行在公共执行环境中，任何人都可以用他们想要的任何输入执行它们。不应该假定输入（比如函数参数）是正确的，或者有一个良性的目的。智能合约开发过程中要测试所有参数以确保它们在预期的范围内并且格式正确。

7.4　智能合约漏洞检测技术

安全漏洞造成的重大损失一方面严重影响了用户体验，另一方面破坏了区块链智能合约的信用体系，当前智能合约的安全问题正成为研究者和开发者共同关注的焦点。 为了防止恶意攻击者利用智能合约漏洞，研究者们已经尝试使用各种方法对以太坊智能合约源代码以及 EVM 字节码进行全面分析。传统的程序漏洞检测方法使用的是特征匹配，即对一些恶意代码进行提取抽象，通过匹配模块对静态源代码进行检测，但是这种方法存在应用范围有限、漏报率高等问题。本节将对目前主流的智能合约漏洞检测技术进行探讨。

7.4.1 形式化验证

形式化验证是智能合约安全分析的关键技术。首先，合约中的概念、判断和推论通过形式语言转换为形式模型，消除了合同的模糊性和非一般性；其次，通过严格的逻辑和证明，验证了智能合同中功能的合法性和安全性。目前，具有高安全性的形式化验证技术被应用于众多重要领域。在智能合约漏洞检测中应用形式化的方法，智能合约的生成和执行可以受到规范的约束，从而保证合约的可靠性。

一般的形式化验证方法包括模型检查和演绎验证。模型检查列出所有状态，并逐个检查它们。演绎证明基于定理证明的思想，使用逻辑表达式来描述系统及其特性，并通过一些推理规则来证明系统的某些特性。简而言之，形式化验证在数学逻辑规范描述的前提下满足特定特性，目前有以下几种方法基于形式化验证的智能合同漏洞分析。

1. K 框架

K 框架是一种可执行的程序框架语义集，可以用于形式化智能合约，对事务进行状态和网络演化建模，并使用转换规则来详细阐述状态的修改和网络的演化。K 框架中定义了一个 EVM 语义，将 EVM 表示成 K 框架范式中的 ENBF 样式提供的语言语法、状态配置描述和驱动程序执行的转换规则三个主要组件，深入解释其结构定义描述，然后给出了几种语义扩展。

2. Isabelle/HOL

Isabelle/HOL 将智能合约字节码序列组织成直线型程序，然后在 Isabelle/HOL 定理证明器中用一个字节码级别的程序逻辑对 EVM 形式化进行了扩展。

3. Lolisa

Lolisa 是 Solidity 语言的一个大型子集的形式化语法和语义，采用了更健壮的静态类型系统，不仅包含 Solidity 中映射符、修改器、合约类型和地址类型等语法组件，而且还包含诸如多个返回值、指针算法以及结构和字段访问等通用编程语言特性。

7.4.2 符号执行

符号执行是一种重要的程序分析技术，它通过用抽象符号值替换程序本身未指定的信息来表示任何值从而伪执行程序，同时其也发展出了静态符号执行与动态符号执行[29]。符号执行法应用于智能合约检测漏洞流程如图 7.5 所示。首先，将合约中的变量值符号化，然后逐条解释执行程序中的指令，在解释执行过程中更新执行状态、搜集路径约束，以完成程序中所有可执行路径的探索并发现相应的安全问题。

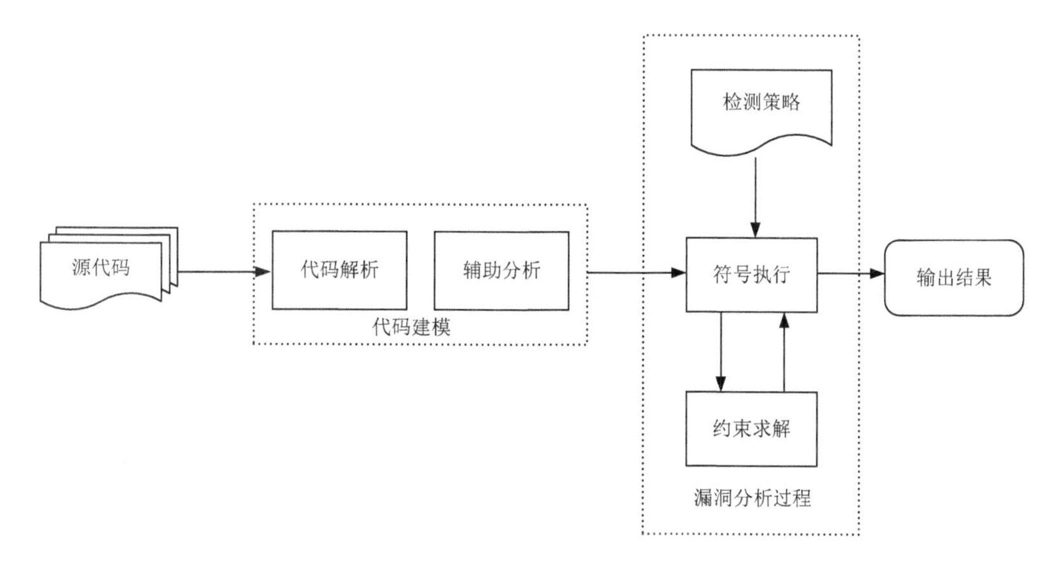

图 7.5　符号执行检测漏洞流程

目前，符号执行进行漏洞检测的工具主要有如下三种[15]。

1. Oyente

Oyente 是第一个被提出的符号执行工具，它将智能合约的字节码和以太坊区块链的状态作为输入，通过符号执行可以检测出事务排序依赖、重入、时间戳依赖和未处理的异常四个类型的漏洞。Oyente 以智能合约字节码和以太坊状态作为输入，模拟 EVM 并且遍历合约的不同执行路径。

2. Maian

Maian 主要针对三种类型的合约漏洞：资产无限期冻结合约漏洞（Greedy），易泄露资产给陌生账户合约漏洞（Prodigal），合约可以被任何人随意销毁漏洞（Suicidal）。通过使用符号执行生成的数据执行合约，从而构建一个私有测试网，以验证合约是否存在漏洞。

3. Mythril

Mythril 提供了丰富的扩展接口，开发者可以在 Mythril 的基础上编写自定义的漏洞检测逻辑。其使用概念分析、污点分析和控制流验证来检测以太坊智能合约中常见的漏洞类型，包括可重入漏洞、整数溢出漏洞、异常处理漏洞等。

7.4.3　模糊测试

模糊测试是当前流行的漏洞检测技术之一，通过向被测智能合约输入大量意外数据，检测异常发生情况，从而达到潜在漏洞发现的目的。与其他技术相比，模糊测试具有良好的可扩展性和适用性。模糊测试进行漏洞检测的工具主要有如下三种。

1. ContractFuzzer

ContractFuzzer 分析智能合约的应用二进制接口（application binary interface，ABI）以生成符合被测智能合约调用语法的输入，在输入用例生成过程中，该工具针对重入漏洞等按照固定大小输入与非固定大小输入两类来根据用户提供的输入种子生成输入。

2. Echidna

Echidna 是利用基于语法的模糊测试。Echidna 首先通过智能合约静态分析框架来编译合约并对其进行分析，以确定直接处理 ETH 的常量和函数，然后基于得到的常量、事务与函数生成的随机交易进行模糊测试。

3. sFuzz

sFuzz 采用反馈自适应模糊策略，并考虑到将区块编号和时间戳建模为环境信息，来提高检测路径覆盖率。

7.4.4 中间表示法

中间表示法将智能合约源代码或字节码转换成具有高语义表达的中间表示（intermediary representation，IR），然后对合约的中间表示进行分析以发现安全问题。目前，利用中间表示法的智能合约分析工具主要有以下几种。

1. Slither

Slither 以合约源代码生成的 Solidity 抽象语法树作为初始输入。在第一阶段，Slither 构造智能合约的继承图、控制流图和表达式列表。在第二阶段，Slither 将合约的整个代码转换为内部表示语言 SlithIR，SlithIR 使用静态单一评估简化各种代码分析操作。在实际代码分析的第三阶段，Slither 进行预先定义的分析，将分析信息输入漏洞探测器中，然后漏洞探测器根据输入信息，分析并检测出合约中的漏洞。Slither 目前检测的漏洞类型均为语义方面的漏洞，无法检测出逻辑方面的漏洞，因此需要添加新的漏洞类型探测器。Slither 不仅能用于检测智能合约的常见漏洞，并且能给出合约代码优化的建议。

2. Vandal

Vandal 是一种 EVM 字节码层面的智能合约静态分析工具，它由一个分析管道和一个反编译器组成。该反编译器执行抽象解释，以逻辑关系的形式将字节码转换为更高级别的中间表示，然后使用新颖的逻辑驱动方法检测合约漏洞。

3. Madmax

Madmax 是一种专注于以太坊智能合约 gas 相关的漏洞分析工具，它基于 Vandal 实现了控制流分析和反编译器的程序结构性检测方法，该工具将 EVM 字节码反编译成具有高语义信息的中间表示，能够高精度地检测 gas 相关的漏洞，例如以太冻结漏洞等。

4. Smartcheck

Smartcheck 是一种可扩展的智能合约静态分析工具。在智能合约的 Solidity 源代码层面，其进一步对源代码进行语法分析和词法分析，并使用 XML 来描述分析后的抽象语法树结果。在此基础上，Smartcheck 利用 Xpath 来检查智能合约的安全属性，以检测合约中的重入、时间戳依赖、拒绝服务、资金锁定等漏洞。

7.5　动静态相结合的符号执行智能合约漏洞检测

符号执行可以更准确地探索出合约代码的路径分支，形成代码的执行树，但是在此过程中往往会消耗过多的计算资源；模糊测试技术根据合约的运行时信息来确定该合约某一漏洞是存在的，但前提是需要生成大量高效的输入，来确保程序覆盖率；形式验证则是将合约进行转化并建模分析，以达到最大化的近似真实语义的目的，但是其漏洞检测的效率取决于建模的精度和检测模式的设计等，虽然速度快，但是误报率较高。

静态检测是指在不运行程序的前提下，对程序的源代码或二进制字节码文件进行分析，通过模式检测实现漏洞的扫描工作。它包含诸多技术，如词法分析、语法分析、语义分析与中间代码生成等。通过对程序的代码块进行基本单元的匹配，完成词法分析的工作。通过对检测对象的抽象语法树 AST 等中间形式的分析，实现对程序的流敏感、流不敏感、路径敏感等分析，搜集丰富的信息，完成程序的建模工作。

模糊测试和静态分析等传统程序的符号执行思路，在程序中仅能收集单个路径上的约束，而非全局约束。符号执行验证可以将智能合约的约束在不同的路径之间进行传递，符号执行验证能够对程序进行更精确和全面的分析，符号执行过程中收集到的丰富信息能够服务于漏洞识别。虽然目前智能合约由于业务的设计或合约语言等特性，合约的代码量不大、执行树的分支路径稀疏度较低，相对于传统的程序使用符号执行进行漏洞检测工作具有一定的优势，但是随着合约语言的升级、区块链的业务场景的不断丰富，智能合约的符号执行漏洞检测中路径爆炸、资源消耗过多的问题不可避免。

因此，我们提出基于动静态相结合的符号执行智能合约漏洞检测方法。该方法主要借助混合执行的思想来进行符号执行的优化，它结合了符号执行方法对智能合约路径搜索和遍历的优势，对程序进行精确且全面的分析，真实地还原出智能合约的执行树状态等特点。使用动态符号执行的思想来简化路径约束的求解，提高符号执行的效率，从而避免符号执行过程中约束过大或执行的深度过大造成路径爆炸的问题，节约了检测工作的时间成本及运算算力资源消耗。

动静态结合的符号执行检测流程见图 7.6。基于动静态结合的智能合约符号执行检测方法的具体应用案例将在第 9 章详细论述。

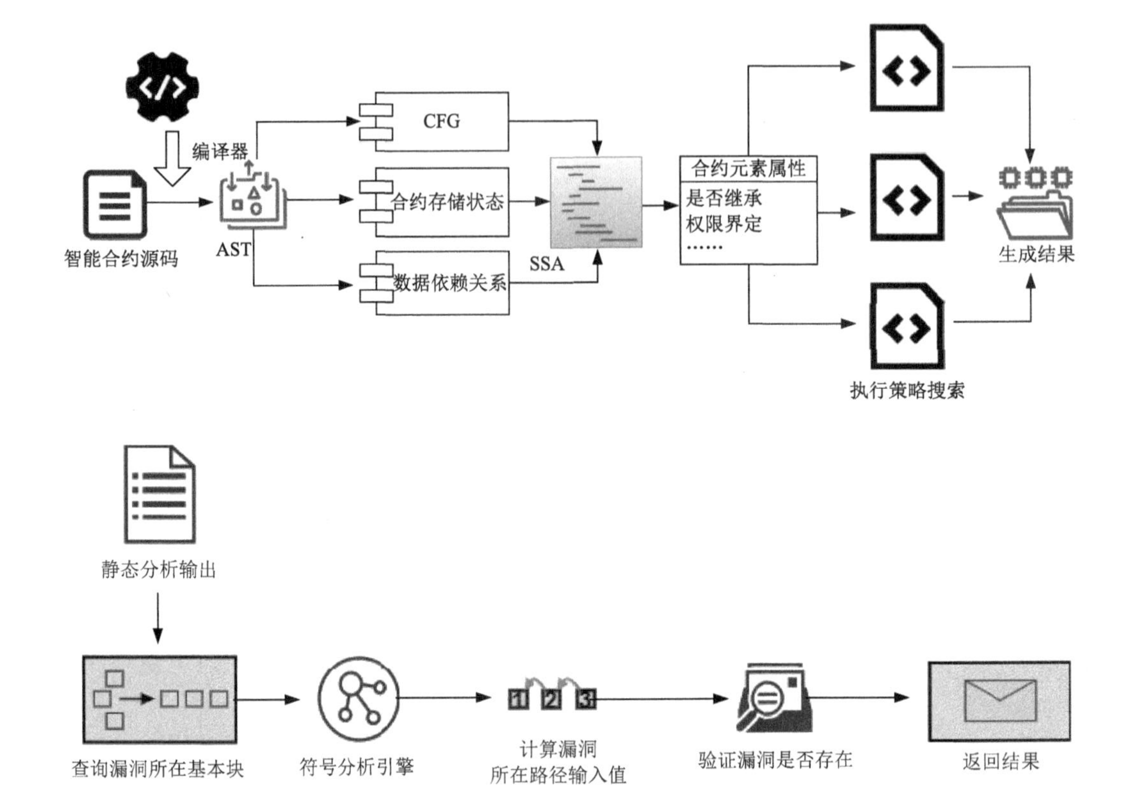

图 7.6　动静态结合的符号执行检测流程

动静态结合的符号执行主要利用逆向符号执行的思想。传统的符号执行对全局的程序代码进行路径的执行及约束的求解，这样会导致执行过多的无用路径，浪费计算资源。逆向符号执行的主要思想是利用数据流分析、污点分析等方式实现对特定路径的提取，这些路径是导致智能合约漏洞的可疑路径，通过前期的工作就将其筛选出来，并将漏洞类型及所在位置传递给符号分析引擎。当符号分析引擎收到可疑路径后，通过漏洞所在的位置寻找出该条路径，并针对性地对该路径约束进行约束求解，若能在规定时间内获得该路径的输入值，则认定该路径可达，从而证明漏洞存在。

动静态结合的符号执行方法结合了静态检测速度快、漏洞检测范围广的优势，同时利用逆向符号执行对部分路径进行执行，大大提高了符号执行的效率并减少了资源消耗。同时理论上实现了精度高、可靠性强的漏洞检测。

本章小结

本章主要聚焦研究区块链数据交易平台的智能合约安全，包括目前智能合约安全国内外的研究现状、智能合约的工作原理（以以太坊的 Solidity 编程语言为例）、智能合约中常见的安全问题以及目前智能合约漏洞检测技术及工具开发等。

智能合约是一段能够代表区块链应用核心处理逻辑的计算机程序，其自身也存在生命周期，即编译、部署、执行、销毁。虽然目前的智能合约语言种类较多，但还是以少数智能合约语言为主流语言，主要与区块链平台的流行度以及编程语言自身特色等因素相关。智能合约编程语言主要分为两种编程方式：声明式和命令式。

智能合约的安全漏洞检测是目前最为关注的区块链平台安全研究方向之一。它不仅影响着区块链软件的可靠性更影响者数千万的数字资产的安全性。目前根据智能合约漏洞发生的层次不同，可以将合约漏洞分为 4 个层面：高级语言层、虚拟机层、区块链系统层和业务设计逻辑层。前三类漏洞均有特定的漏洞种类及特点，可针对性地采取一些措施进行预防来避免漏洞，最后一种漏洞与智能合约产品的业务逻辑设计密切相关，需要项目方完成对产品逻辑完善的设计。

智能合约漏洞检测技术主要包括形式验证、符号执行、模糊测试、中间表示等，我们也提出了一种动静态结合的符号执行漏洞检测方法。这些方法和技术有着各自的特点，但是要真正地应用于产业界，还需要更多的方法创新与技术改进。

主要参考文献

[1] BUTERIN.Critical update:Daoulnerability[EB/OL]. (2016-06-17)[2022-11-26]. https://blog.Ethereum.org/2016/06/17/criticalupdateredao vulnerability/.

[2] PARITY TECHNOLOGIES. The Multi-sig Hack:A Postmortem.Blockchain Infrastructure for the Decentralised Web[EB/OL]. (2017-07-20)[2022-11-26].https://www.parity.io/blog/the-multi-sig-hack-a-postmortem.

[3] KASHISYN D. A Postmortem on Parity Multi-Sig Library Self-Destruct[EB/OL]. (2017-11-15)[2022-11-26]. https://www.parity.io/blog/a-postmortem-on-the-parity-multi-sig-library-self-destruct/.

[4] 胡甜媛，李泽成，李必信，等. 智能合约的合约安全和隐私安全研究综述[J]. 计算机学报，2021, 44(12): 2485-2514.

[5] 倪远东，张超，殷婷婷. 智能合约安全漏洞研究综述[J]. 信息安全学报，2020，5（3）：78-99.

[6] NGUYEN T D, PHAM L H, SUN J, et al. sFuzz: An efficient adaptive fuzzer for Solidity smart contracts[C]//Proceedings of the ACM/IEEE 42nd International Conference on Software Engineering. Seoul:ACM/IEEE, 2020: 778-788.

[7] HE J, BALUNOVIĆ M, AMBROLADZE N, et al. Learning to fuzz from symbolic execution with application to smart contracts[C]//Proceedings of the 2019 ACM SIGSAC Conference on Computer and Communications Security. London:ACM, 2019: 531-548.

[8] ALBERT E, GORDILLO P, RUBIO A, et al. Synthesis of super-optimized smart contracts using max-SMT[C]//International Conference on Computer Aided Verification. Los Angeles: Springer, 2020: 177-200.

[9] GRECH N, BRENT L, SCHOLZ B, et al. Gigahorse: thorough, declarative decompilation of smart contracts[C]//2019 IEEE/ACM 41st International Conference on Software Engineering（ICSE）. Montreal: ACM/IEEE, 2019: 1176-1186.

[10] TSANKOV P, DAN A, Drachsler-Cohen D, et al. Securify: Practical security analysis of smart contracts[C]//Proceedings of the 2018 ACM SIGSAC Conference on Computer and Communications Security. Toronto:ACM, 2018: 67-82.

[11] ZHANG M, ZHANG X, ZHANG Y, et al. Txspector: Uncovering attacks in Ethereum from transactions[C]//29th USENIX Security Symposium （USENIX Security 20）. Virtual: USENIX 2020: 2775-2792.

[12] CHEN T, FENG Y, LI Z, et al. Gaschecker: Scalable analysis for discovering gas-inefficient smart contracts[J]. IEEE Transactions on Emerging Topics in Computing, 2021, 9(3): 1433-1448.

[13] HUANG J, HAN S, YOU W, et al. Hunting vulnerable smart contracts via graph embedding based bytecode matching[J]. IEEE Transactions on Information Forensics and Security, 2021, 16: 2144-2156.

[14] GAO Z, JIANG L, XIA X, et al. Checking smart contracts with structural code embedding[J]. IEEE Transactions on Software Engineering, 2021, 47(12): 2874-2891.

[15] LUU L, CHU D H, OLICKEL H, et al. Making smart contracts smarter[C]//Proceedings of the 2016 ACM SIGSAC

Conference on Computer and Communications Security. Vienna: ACM, 2016: 254-269.

[16] GRIECO G, SONG W, CYGAN A, et al. Echidna: Effective, usable, and fast fuzzing for smart contracts[C]//Proceedings of the 29th ACM SIGSOFT International Symposium on Software Testing and Analysis. Virtual: ACM, 2020: 557-560.

[17] GRISHCHENKO I, MAFFEI M, SCIINEIDEWIND C. A semantic framework for the security analysis of Ethereum smart contracts[C]//Proceedings of International Conference on Principles of Security and Trust. Thessaloniki: Springer, 2018: 243-269.

[18] HILDENBRANDT E, SAXENA M, RODRIGUES N, et al. Kevm: A complete formal semantics of the Ethereum virtual machine[C]//Proc. of the IEEE 31st Computer Security Foundations Symposium. Oxford: IEEE,2018: 204-217.

[19] AMANI S, BÉGEL M, BORTIN M, et al. Towards verifying ethereum smart contract bytecode in Isabelle/HOL[C]// Proceedings of the 7th ACM SIGPLAN International Conference on Certified Programs and Proofs. Los Angeles: ACM, 2018: 66-77.

[20] KALRA S, GOEL S, DHAWAN M, et al. ZEUS: Analyzing safety of smart contracts[C]//Proceedings of the NDSS. San Diego: Internet Society, 2018: 1-12.

[21] VaaS. Automated Formal Verification Platform for Smart Contract[EB/OL]. (2022-03-29)[2022-11-26]. https://vaas.lianantech.com.

[22] NIKOLIĆ I, KOLLURI A, SERGEY I, et al. Finding the greedy, prodigal, and suicidal contracts at scale[C]//Proceedings of the 34th Annual Computer Security Applications Conference. San Juan: ACM, 2018: 653-663.

[23] TSANKOV P, DAN A, DRACHSLER-COHEN D, et al. Securify: Practical security analysis of smart contracts[C]// Proceedings of the 2018 ACM SIGSAC Conference on Computer and Communications Security. Toronto: ACM, 2018: 67- 82.

[24] Mythril. A Framework for Bug Hunting on the Ethereum Blockchain[EB/OL]. (2017-10-09)[2022-11-26]. https://mythx.io/.

[25] KRUPP J, ROSSOW C. teether: Gnawing at ethereum to automatically exploit smart contracts[C]//Proceedings of the 27th USENIX Security Symposium (USENIX Security 18). Baltimore:USENIX, 2018: 1317-1333.

[26] RODLER M, LI W, KARAME G O, et al. Sereum: Protecting existing smart contracts against re-entrancy attacks[EB/OL]. arXiv:1812.05934, 2018.

[27] JIANG B, LIU Y, CHAN W K. Contractfuzzer: Fuzzing smart contracts for vulnerability detection[C]//Proceedings of the 33rd ACM/IEEE International Conference on Automated Software Engineering. Montpellier:ACM/IEEE, 2018: 259-269.

[28] LIU C, LIU H, CAO Z, et al. Reguard: finding reentrancy bugs in smart contracts[C]//Proceedings of the IEEE/ACM 40th International Conference on Software Engineering: Companion (ICSE-Companion). Gothenburg:IEEE/ACM, 2018: 65-68.

[29] FEIST J, GRIECO G, GROCE A. Slither: a static analysis framework for smart contracts[C]//Proceedings of the 2019 IEEE/ACM 2nd International Workshop on Emerging Trends in Software Engineering for Blockchain（WETSEB）. Montréal: IEEE/ACM, 2019: 8-15.

第 8 章　运行时数据交易监管

本章主要内容

- 数据交易监管与异常行为分析；
- 实时日志分析；
- 运行时异常处理；
- 运行时按需数据交易。

运行时交易监管为区块链数据交易服务提供一个更方便、更安全的运行时监管环境，许多运行时服务（如日志分析、异常处理）或高级服务（如智能合约安全漏洞检测、目标监控）可通过一组 RESTful（representational state transfer，表象化状态转变）Web 服务在平台上使用。

数据交易运行时监管监控是顺利完成高时效数据交易的重要组成部分，高时效数据交易需要执行相关运行时监管，采取实时交易日志分析和服务异常处理，通过持续在线优化，达到自适应目标监控。监控结果还会反馈交易过程，通过交易监管改进提升交易过程。

8.1　运行时交易监管实现框架

运行时交易监管实现框架（图 8.1）的设计目标是完成区块链服务支持资源共享

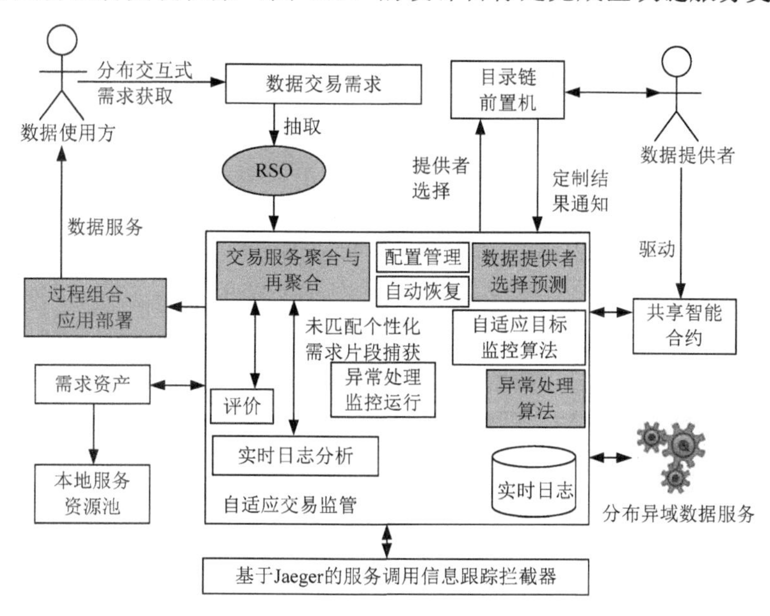

图 8.1　运行时交易监管实现框架

BDaaS 高可用体系结构（图 5.3）中左边贯穿上下各层其中的运行时监管职能，其运行流程与数据隐私保护下 BDaaS 下高时效数据交易研究内容相对应，其中阴影部分为前期已完成研究成果[1]。

运行时交易监管实现框架主要分为需求获取、自适应交易监管两大部分，其中自适应交易监管部分通过实时日志分析、异常处理等完成运行时交易服务的异常处理与服务再聚合。通过信息跟踪拦截器方法获取实时日志数据，结合异常处理算法、自适应目标监控等进行异常处理监控，进而构建运行时异常处理机制，达到数据交互时目录链上运行时数据提供者自适应重新选择，最终达到按需数据交易。

8.2 实时日志分析

数据交易运行时监管监控是顺利完成高时效数据交易的重要组成部分，高时效数据交易需要执行相关运行时监管，采取实时交易日志分析和服务异常处理，通过持续在线优化，达到自适应目标监控。监控结果还会反馈交易过程，通过交易监管改进提升交易过程。

在系统监控中，大多数 BaaS 平台，如 IBM 区块链，都关注网络中节点的整体运行，以实现节点故障后的快速恢复，并关注事务的持续时间和延迟，对系统性能进行粗略统计[2]。然而，这对于大多数基于 Hyperledger①结构的业务场景来说是不够的。当 BDaaS 出现问题时，开发人员需要获取关于对等方和交易的详细信息，以查明交易的哪个阶段（如背书、承诺和排序）出错并导致系统故障。我们方案中使用基于日志的方法实现一个实时监控框架，它可以跟踪事务中的服务调用和每个阶段的耗时情况。基于这些统计数据，开发人员可以对网络中提供不同服务的对等方进行详细的性能分析，然后对其进行有针对性的优化。性能是制约基于区块链的智能合约应用的关键因素之一。因此，迫切需要对一个区块链数据交易进行实时性能监控，帮助开发者在系统出现异常时发现错误，并根据性能分析的结果对相应的节点进行优化。

为了监控各个阶段的服务调用和耗时情况，日志分析模块设计了一个基于 Jaeger 的 GRPC/GRPCS（Google remote procedure call，谷歌远程过程调用）服务调用信息跟踪拦截器。事务和块通过 GRPC/GRPCS 在不同的对等点之间传输，因此我们在 GRPC 服务器和 GRPC 客户端之间安装了一个跟踪拦截器。当 Hyperledger 结构的归档节点（endorsement peers）、排序节点（orderer peers）和普通节点（peer）与 GRPC 交互时，跟踪拦截器可以收集服务调用的上下文信息和事务信息。最后，所有信息都作为数据源传输到我们的系统，记入实时日志数据库，以便我们分析系统性能或异常。

在使用区块链服务技术后，即便单一节点遭受黑客攻击，也不会影响区块链系统的整体运行。通过横向扩展数据分发范围，创建安全的环境，其中任何一个节点的故障都不会影响网络的整体生存能力。由此采取数据交易多方日志同步，完成自动恢复（容灾）。

① https://gitee.com/greatesoft/fabric/

8.3　运行时异常处理

主动服务技术已经成为服务计算的研究热点，服务主动满足消费者需求而生产，可改变消费者被动选择服务而导致无法有效满足用户需求的弊端。为此，在传统 SOA 上需要增加消费者发布需求描述、评估服务等功能，消费者根据业务过程发布待用服务的需求描述，服务提供者根据服务需求描述生产服务，消费者通过评估测试选择最佳服务绑定业务过程。由于采用基于语义的服务需求工程，对涉众需求用语义进行封装，可以较好地描述用户对服务的要求。对于需求语义展开部分，以 RSO（requirements sign ontology，需求符号本体）为中心的聚合匹配过程中无法匹配或评估不合格的服务，可将 RSO 中服务语义描述提取出来即时发布，服务提供者根据其语义描述主动定制生产，进而完成需求制导的业务过程，满足涉众要求。

主动服务定制框架的核心是基于语义的数据提供者定制管理平台，包括定制处理器、评估器和聚合/再聚合器。聚合/再聚合器按照 RSO 中的业务流程对服务资源进行发现、匹配和绑定执行，定制处理器负责对无法匹配的服务进行定制生产和管理，评估器则对匹配的服务进行评估、确认和绑定。由此设计带有定制处理的服务聚合流程和相应算法。

在自适应分类算法中，空间搜索优化算法 SSOA（见算法 1）在定制资源提供选择方面提高资源供应搜索效率。空间搜索算法借助空间搜索操作实现：从已知解出发，产生新的子空间并搜索该子空间。

SSOA 算法特点主要有：

（1）对比目前大部分 DE 算法，具有更强的局部搜索能力。

（2）具有相对较强的全局搜索能力，这是由于算法中具有柯西变异操作。

（3）具有较快的收敛速度。

SSOA 算法优点如下：与目前一些著名的改进 DE 算法对比，实验结果表明 SSOA 具有更快的收敛速度，且有更大的可能性获得精确解或更为精确的近似解，尤其在高维优化问题上该优点更为突出。

算法 1　空间搜索优化算法 SSOA

输入: 解集（种群）solution set （population）

输出: 优化空间 optimization space

1: Begin

2: 　初始化:

3: 　　1）随机初始化解集（种群).

4: 　　2）基于对立的空间搜索 Opposition-based space search.

5: 　While （不符合终止条件）

6: 　　IF （*rand*（0，1）< C_r）// C_r 是一个固定的给定数字

7: 　　　局部空间搜索：

8: 1）生成新空间：基于三个给定的解生成新空间.
9: 2）搜索新空间：Reflection，Expansion and Contraction.
10: 全局空间搜索：Cauchy search （Cauchy mutation）.
11: Else
12: 基于对立的空间搜索 Opposition-based space search.
13: End While
14: End

在自适应分类算法研究中，通过分类方法辅助空间搜索同步优化策略和数据预处理技术，由此提出一个粒度分类器（granularity classifier，GC）的基于上下文相似性聚类（context similarity clustering，CSC）方法。与基于规则的分类器相比，基本原则是考虑一个健壮的分类是建立在足够的输出数据使用上。特别是，基于规则的分类器和支持向量机可以被看作是一种特殊情况的细粒度的分类器。这种基于条件相似度聚类（CSC）和支持向量机（support vector machine，SVM）的粒度分类器（GC），可将其应用于解决 SOA 自适应的优化问题。提出的 GC 是基于 if-then 规则设计的，该规则由前提部分和结论部分两部分组成。利用所提出的 CSC 实现了前提部分的信息粒化设计，而结论部分则借助于支持向量机实现。结合新的粒度分类器结构，同时利用了基于规则的分类器和支持向量机的优点。与传统的基于规则的分类器相比，GC 在处理高维问题时具有更强的鲁棒性。与典型的基于规则的分类方法相比，利用支持向量机的方法可以更容易地处理高维分类问题。与支持向量机相比，GC 具有处理粒度信息的能力。通过 CSC，与典型的支持向量机相比，GC 能够有效地处理颗粒信息。同时建议采用空间搜索优化多项式神经网络分类器（polynomial neural network classifier，PNNC）帮助数据预处理技术和同步优化策略，这是一个平衡优化策略中使用的设计 PNNC 运行时空间搜索优化方法。

以上自适应相关算法理论论证与实验分析，共同作用于数据交易服务的自适应目标监控。

8.4 运行时按需数据交易

针对面向数据交易的需求难以描述、匹配的难题，利用作者团队长期面向服务的需求工程研究成果，建立适应数据交易服务需求描述、需求获取、需求匹配全生命周期管理栈，其间引入面向方面技术支持运行时需求变化调节。同时结合区块链数据服务 BDaaS 建立集成式智能合约执行环境，进行合约随需而动，最终完成数据交易服务功能。

面向服务的软件生产中，强调利用主动发现、匹配、聚合网络巨量服务资源来满足用户需求。面向服务的需求建模及获取部分，我们已经有相当多的前期研究成果，已经完成以下 4 部分：服务需求语义元描述；服务语义封装；基于需求知识（语义）驱动的服务工程；分布式协作需求获取。

数据交易服务需求语义元描述（图 8.2）可用来描述、封装服务语义，对于基于服务的软件系统，此元描述清晰地从概念层表示了对于用户需求的认识，其中参与数据交易的涉众用户（Stakeholder）由承担相应角色的执行者组成，Stakeholder 要求以目标 Goal 形式体现和描述，目标由扮演相应角色的软件 Agent 来实现，由此建立 Stakeholder 从目标到过程、服务的关系。

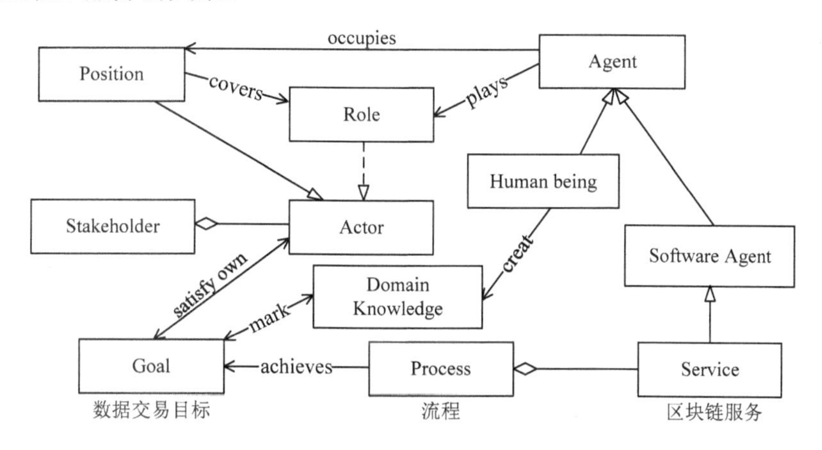

图 8.2 数据交易服务需求语义元描述

传统软件需求获取方法，如面谈、观察、原型等，已不适应以涉众分布性为特征的服务软件开发情形，我们也已经系统研究了软件需求语义获取技术，选择 Semantic Wikis 为载体，通过群体智能、大众参与修正专家需求语义模型，同时以模型驱动方式完成需求语义的实例化标注和验证，为后续服务软件的生产提供软件需求语义制品。我们在前期工作中，已经积累了交通出行领域和物流管理领域的成功开发经验，同时系统研究了本体匹配（映射）原理和实施技术。

为支持运行时需求变化描述，通过扩展图 8.2 以构建需求模型变化。通过在其中添加标签、概念、本体、方面和词汇等元素，提高标签的语义互操作性。通过标签的方式来自动、动态识别需求改进点，以诱导需求模型演化。

支持运行时交易需求自适应调节软件架构演化元模型（图 8.3）包括需求演化和运行时架构模型变换两个方面。需求演化建模要解决的根本问题是：如何根据变化的需求描述将原需求模型演变为满足新需求的需求模型，即：

（1）根据基于服务质量 QoS 变化预测的软件架构调节机制，分析与获取变更需求对应的控制操作向量。

（2）本体匹配。根据第一阶段得到的标注，在基于数据交易服务元模型的演化需求模型库（项目组前期研究成果）中搜索目标或过程元素，作为初始需求模型。

（3）利用面向方面的需求演化建模分析方法（支持运行时软件架构自适应调整），针对初始需求模型，找到合适的演化改进点，诱导业务部门以 OWL-SA（ontology web language-semantic aspect，方面语义网络本体语言）作为描述语言，建立满足演化需要的目标需求规格脚本，为系统的即时演化提供支持。描述语言 OWL-SA 可以基于 OWL-S，采用切入点-通知方式。其中，A 表示方面（aspect），其代表的是演化的需求规格，它包括一个或多个切入点-通知对（pointcut-advice pairs）。切入点（pointcut）描述的是演化发生的位置，通知（advice）描述的则是需求演化的内容。通过方面切入达到运行时软件架构重组，完成运行时架构演化。

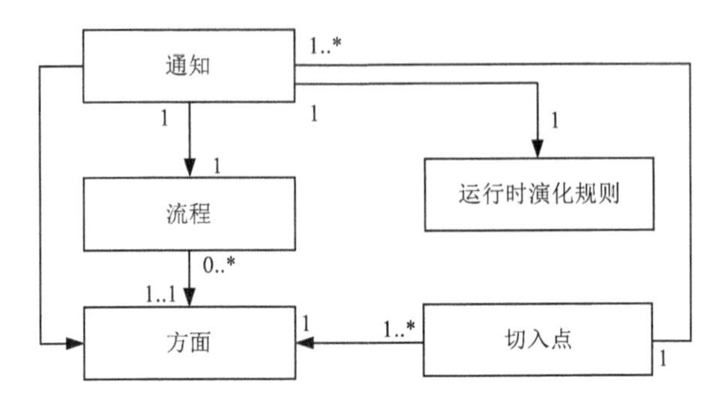

图 8.3 支持运行时交易需求自适应调节软件架构演化元模型

如图 8.4 所示，运行时自适应调节方案结合有效的预测控制方法和 MAPE-K 控制回路模型，由实时监控器、分析引擎、软件架构调节管理器、需求变化管理器、Aspect 执行引擎和集成式智能合约执行环境构成。首先，实时监控器获取服务资源的 QoS 值并用日志记录下来，然后将其传到分析引擎。分析引擎根据日志记录使用基于小波变换的模型预测 QoS 值。软件架构调节管理器根据预测 QoS 值和当前 QoS 值寻求满足需求约束的最佳的运行时设计决策：如果能找到可行的运行时模型，则自动生成 Aspect 脚本，执行引擎通过执行脚本完成运行时的模型转换。否则，设计决策管理器则标识出需求演进的具体改进点，以诱导需求演化。

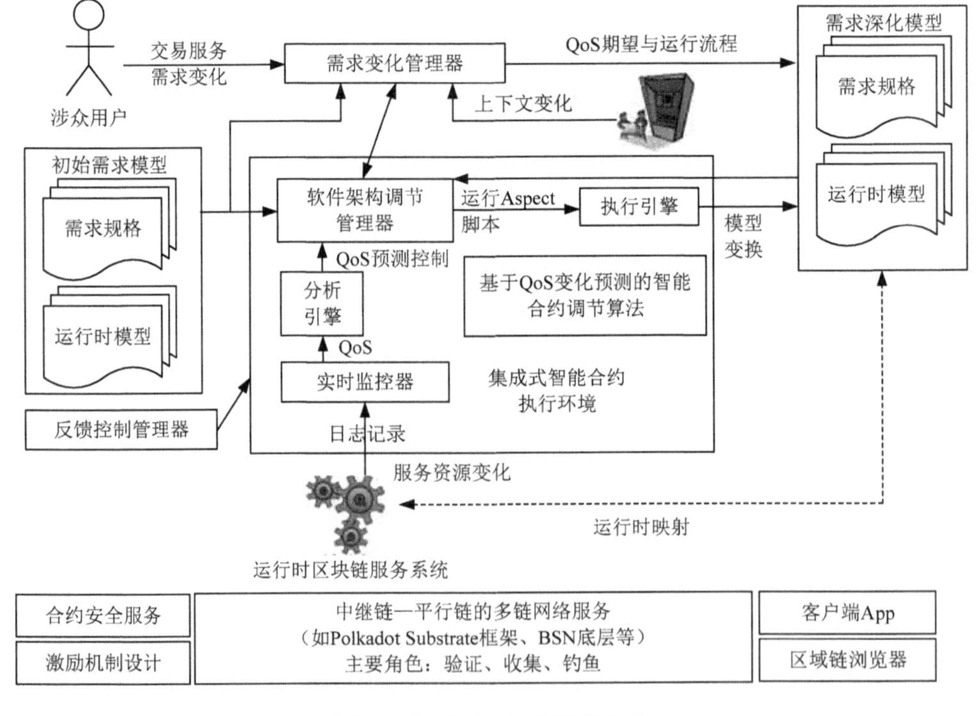

图 8.4 运行时自适应调节方案

方案的核心关注点如下：

（1）运行时服务资源的 QoS 值的预测方法（拟采用小波变化方法，比如选择 Morlet 母小波基函数）。

（2）基于 QoS 变化预测的软件架构调节机制。根据预测的服务资源 QoS 值 Yi（t+1）与三元组（主控制节点在时间 t 对于服务组件 i 的控制操作）集合 CON，生成时间 t+1 时的控制操作向量 CON（t+1）。控制操作包括为输出 Yref 而触发的运行时的模型转换或标识需求改进点操作。

（3）集成式智能合约执行环境。建立在多链网络区块链服务系统上的集成式智能合约执行环境通过跟踪交易需求变化，通过智能合约调节算法注入合约执行可变部分（方面）变化，后续交易服务刷新为新的执行步骤。区块链层采用基于 Polkadot 提供的 Substrate 框架或区块链服务网络 BSN 底层，可升级为中继链—平行链架构的多链网络。每个应用场景都是主中继链上的一条独立平行链，应用场景之间通过中继链进行跨应用跨链通信。跨链网络中有 3 个主要角色：验证人、收集人和钓鱼人。主要用户端产品是区块链浏览器和手机客户端。

基于 QoS 变化预测的智能合约调节算法见算法 2。算法主要包括两大部分：初始化部分和控制操作部分。初始化部分中，利用历史记录来学习 SVM 模型，以判断当前情况下是否存在可行的运行时模型。更进一步，如果不存在可行的运行时模型，同样利用历史记录来学习 SVM 模型，只不过模型的输出变成了对改进点的标注，用以诱导需求进化，而该标注是可以基于概念和本体的。

应对数据交易需求和服务场景变化的运行时自适应解决方案的特点和优势可以总结为：建立适应数据交易服务需求描述、需求获取、需求匹配全生命周期管理栈，设计集成式智能合约执行环境，合约随需而动，完成自适应数据交易服务。通过表征 BDaaS 系统运行时交易服务质量的 QoS 值预测控制来驱动多链网络智能合约执行环境部分演化的自适应调节方法，其采用了结合需求和架构驱动区块链服务系统的自适应。通过实时分析 BDaaS 运行日志信息，学习基于小波变换的模型以预测未来时刻相应交易服务的 QoS；通过基于预测控制产生智能合约调节决策，诱导需求进化或实现运行时的需求模型转换，利用面向方面技术支持运行时合约执行自适应调整，由此完成 BDaaS 执行系统按需演化。

算法 2　基于 QoS 变化预测的智能合约调节算法

输入：数据交易中运行时 t 和 t+1 时服务资源的 QoS 值，期望输出的 QoS 值输出：t+1 时刻的智能合约执行向量

1: Begin

2:　初始化：训练分类预测模型；训练需求模型的标记改进点

3:　IF 分类预测（运行时 t 和 t+1 时交易服务的 QoS 值，期望输出的 QoS 值）= 需求

4:　　THEN

5:　t+1 时刻的智能合约执行向量=标记改进点（运行时 t 和 t+1 时交易服务的

QoS 值，期望输出的 QoS 值）

6: ELSE

7: t+1 时刻的智能合约执行向量=架构演化（运行时 t 和 t+1 时交易服务的 QoS 值，期望输出的 QoS 值）

8: ENDIF

9: RETURN t+1 时刻的智能合约执行向量

10: End

本章小结

数据交易运行时监管监控是顺利完成高时效数据交易的重要组成部分，高时效数据交易需要执行相关运行时监管，采取实时交易日志分析和服务异常处理，通过持续在线优化，达到自适应目标监控。

本章从运行时交易监管实现框架设计入手，详细阐述区块链服务支持资源共享 BDaaS 高可用体系结构中的运行时监管职能，运行流程与数据隐私保护下 BDaaS 高时效数据交易研究内容相对应。

运行时交易监管实现框架主要分为需求获取、自适应交易监管两大部分，其中自适应交易监管部分通过实时日志分析、异常处理等完成运行时交易服务的异常处理与服务再聚合。通过信息跟踪拦截器方法获取实时日志数据，结合异常处理算法、自适应目标监控等进行异常处理监控，进而构建运行时异常处理机制，达到数据交互时目录链上运行时数据提供者自适应重新选择，最终达到按需数据交易。

针对面向数据交易的需求难以描述、匹配的难题，利用面向服务的需求工程研究成果，建立适应数据交易服务需求描述、需求获取、需求匹配全生命周期管理栈，引入面向方面技术支持运行时需求变化调节。同时结合区块链数据服务 BDaaS 建立集成式智能合约执行环境，进行合约随需而动，最终完成数据交易服务功能。

主要参考文献

[1] 文斌．面向云计算的按需服务软件工程[M]．北京：国防工业出版社，2014.

[2] ZHENG W, ZHENG Z, CHEN X, et al. NutBaaS: A blockchain-as-a-service platform[J]. IEEE Access, 2019, 7:134422-134433.

第三部分

应 用 篇

第 9 章　区块链数据服务应用案例

本章主要内容

- 区块链智慧医疗数据服务；
- 区块链旅游消费积分数据服务；
- 智能合约安全漏洞检测及认证溯源数据服务。

9.1　区块链智慧医疗数据服务

9.1.1　医疗数据服务背景与主要问题

1. 应用背景

随着相关技术的不断发展，电子医疗服务已经逐渐成为当下流行的医疗数据服务方案，不仅提高了医生的工作效率，同时也使得用户预约就诊以及病历管理更加便捷高效。然而，由于技术局限性，导致医疗单位电子医疗服务系统之间存在着数据壁垒，从而阻碍了数据的流通，患者不能很好地控制和共享自己的历史病历。医疗数据孤岛示意图如图 9.1 所示。

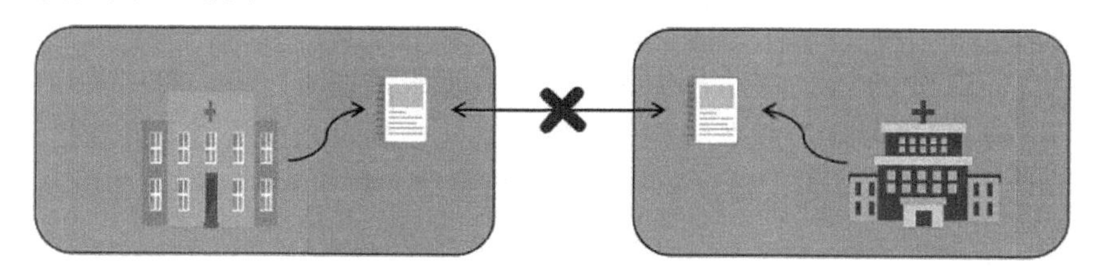

图 9.1　医疗数据孤岛

传统的电子医疗系统包含了很多患者隐私信息，当数据库被泄露或者被攻击时，个人隐私信息面临着极高的风险，同时病历数据也存在着被篡改和被破坏的可能，这使得跨机构医疗数据传输和共享变得不可信，很难被应用于医疗保险证明等其他业务服务过程中[1-2]。

区块链技术具有不可篡改和可溯源等特性，已经被创新性地应用于产品溯源、金融供应链和版权管理等领域[3]，其特性也同样能够满足电子医疗数据安全存储、跨机构数据传输和患者隐私信息保护等多场景下的技术需求[4]。利用区块链技术来构建可信医疗数据服务成为一种提高隐私保护、医疗数据真实性和数据共享性的有效方案[5]。

2. 医疗数据服务需要解决的问题

综上所述，医疗数据服务面临的数据孤岛等问题对于医疗数据的发展和拓展性应用造成了重要的影响，所要解决的问题包含以下几个方面：

① 去中心化数据服务 基于区块链、分布式文件存储等技术构建医疗数据服务平台，有效地解决中心化医疗系统所存在的弊端，打破数据孤岛。

② 医疗数据可信性 通过区块链技术不可篡改、数据透明可溯源的特性，保证医疗数据在使用的全周期具备高可信性。

③ 医疗数据应用拓展性 数据的高可信性、安全性和共享为医疗数据在更为广泛的应用拓展提供保障。

9.1.2 医疗数据服务架构设计与系统开发

1. 系统简介

通过基于区块链医疗数据服务体系，结合多种技术构建智慧医疗大数据服务系统，实现医疗数据的互联互通，达到医疗机构、药物厂家、保险、医学科研等多方的协同发展的目的。将医疗数据存储过程去中心化，打破数据孤岛问题，参与平台中的机构方可实现患者数据的无缝衔接，去除线下纸质化内容，更好地提高数据源、数据内容的可信性，为医疗数据在医疗数据审查、医疗保险接入、医疗数据溯源等拓展性应用提供支撑。

2. 数据服务模型设计

联盟链、加密算法、IPFS（Inter-planetary file system，星际文件系统）和智能合约等技术的研究对于改善电子医疗数据服务有着重要的意义，能够加强病历信息存储的安全性、稳定性和共享性。在结合实际医疗服务需求的基础之上，将相关技术进行整合和改进，以联盟链中较为成熟的 Fisco-Bcos 框架作为系统的核心，并通过智能合约来控制病历数据的访问权限，构建了一种可信的医疗大数据服务模型，如图 9.2 所示。

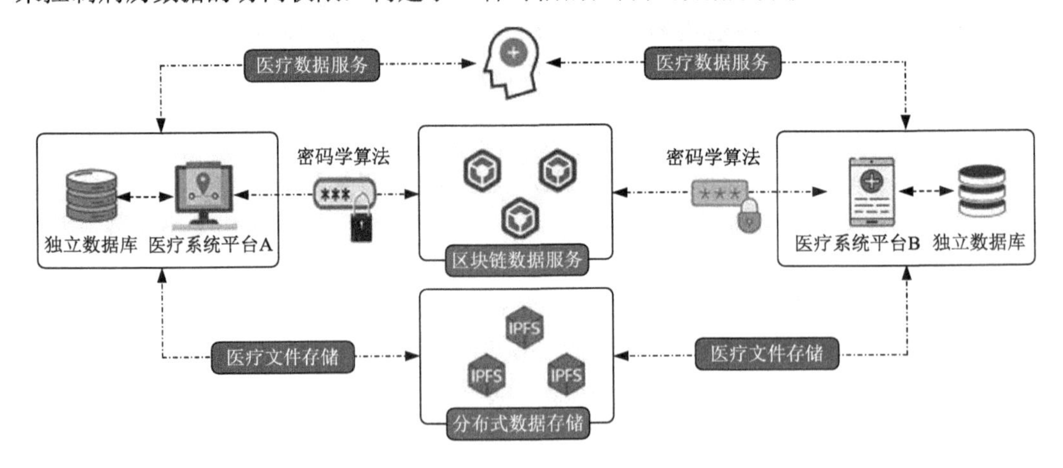

图 9.2 区块链智慧医疗大数据服务模型

首先，该模型中数据的存储由 IPFS、数据库和区块链系统共同实现，将患者预约、医院简介和科室信息等低风险数据和病历原始数据分别存储于云数据库和 IPFS 中来缓解链上数据存储的压力，提高系统的可扩展性。其次，模型中通过智能合约的设计实现对于病历数据查阅和修改权限的细粒度控制，保证数据的安全性。最后，结合密码学算法实现医疗机构间数据的共享，即患者可基于就诊需求，有选择地完成历史医疗数据的分享。用户在整个智慧医疗平台的任意一家医院就诊，其产生的数据都将被跨机构加密存储，并使用区块链实现不可篡改性和可溯源，确保数据可信性。

用户在医疗系统平台 A 中产生了就诊数据，其在登录医疗数据平台 B 后，输入自己在整个智慧医疗平台中的统一身份编码，并填写独立的解密口令，即可将自己的历史医疗数据传递给平台 B 的医生。由于区块链技术和 IPFS 技术的加持，整个过程中的医疗数据具备不可篡改、可溯源的特性，从而在保险公司等机构接入后，患者无须办理纸质化的病历信息即可完成医疗服务消费等证明。

3. 智能合约设计

智能合约是区块链系统进行数据存储和逻辑运算的重要部分。区块链智慧医疗大数据服务系统依据医疗数据服务的需求对合约功能进行抽取，划分为权限层、数据层和服务层三个部分，如图 9.3 所示。

图 9.3　智能合约结构

其中，权限层包含访问授权和取消授权两个部分，通过 Solidity 编程中的地址映射来实现账户的权限约束，达到病历数据访问的细粒度控制。通过将数据存储与数据操作进行分离的方法来提高合约的可拓展性和易维护性，在顶层服务需求发生变化时，仅需对服务层中的功能函数进行新增或修改，从而避免了对底层数据的影响。

4. 隐私保护方案设计

区块链的去中心化和共识机制使得数据在链上是完全透明的，任何数据都可以被其他人获取和查看。然而，病历内容中往往包含了患者的隐私信息，存储在 IPFS 中的病历地址被窃取会造成用户隐私的泄露。针对这一问题，系统中加入隐私保护设计来保证医疗数据的安全性。

步骤 1：假设患者u_k生成的病历数据集合为（$pd_1^k,pd_2^k,\cdots,pd_n^k$），其中$pd_i^k$为包含患者$u_k$隐私信息的医疗原数据，$k$为患者编号。

步骤 2：通过脱敏策略（RPD）生成去除用户隐私信息的无关联数据集合（$npd_1^k,npd_2^k,\cdots,npd_n^k$）。

$npd_n^k=\text{RPD}(pd_i^k,rp_i)$，其中$rp_i$为脱敏约束。

步骤 3：将无关联数据集合npd存储在 IPFS 分布式文件系统中，并获取数据 Hash 地址信息（$h_1^k,h_2^k,\cdots,h_n^k$）。

步骤 4：使用患者u_k的公钥pk_k分别对 Hash 信息（$h_1^k,h_2^k,\cdots,h_n^k$）进行非对称加密处理，得到加密后的数据地址集合（$eh_1^k,eh_2^k,\cdots,eh_n^k$），并存储在智能合约 Repository 的$pk_k$数组映射中。

$eh_1^k=\text{Enc}(h_i^k,pk_k)$

步骤 5：从智能合约中查询获取患者 u_k 的加密数据地址集合（$eh_1^k,eh_2^k,\cdots,eh_n^k$），使用患者$u_k$私钥$sk_k$进行解密，获取 IPFS 数据地址集合，并获取医疗原数据。

$h_1^k=\text{Dec}(eh_i^k,sk_k)$

通过隐私保护设计，实现了医疗数据与患者身份信息的解耦，使其仅通过密钥相关联。在私钥信息不泄露的情况下，能够充分保证患者医疗数据的安全性和隐私性。

5. 区块链智慧医疗数据服务系统架构

我们对区块链智慧医疗大数据服务模型进行了实际开发，如图 9.4 所示系统前端界面基于 Vue 和 ElementUI 框架，系统后端则使用流行的 Spring-Boot 框架，并分别使用 Fisco-Bcos Web3j SDK 和 IPFS Java SDK 与区块链和 IPFS 存储联盟链进行数据交互，其中智能合约使用 Solidity 语言编写，前后端通过 Axios 进行异步数据交互。

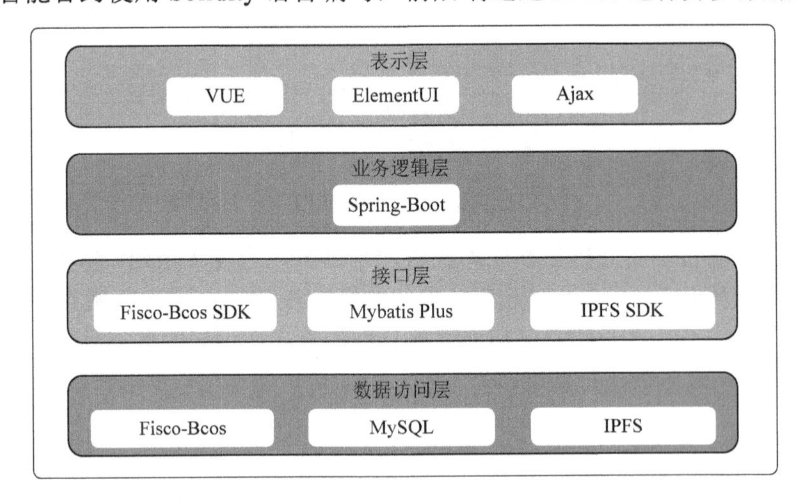

图 9.4 区块链智慧医疗大数据服务系统技术架构

6. 服务平台功能

区块链智慧医疗大数据服务系统通过医疗机构的独立数据库和分布式文件系统等实现医疗数据的精准管理，为患者提供病历共享、数据溯源等医疗服务。在各个医疗机构数据库独立的基础之上（即各方业务互不干扰，不会造成患者隐私泄露等问题）实现医疗数据的互联互通。其服务流程如图 9.5 所示。

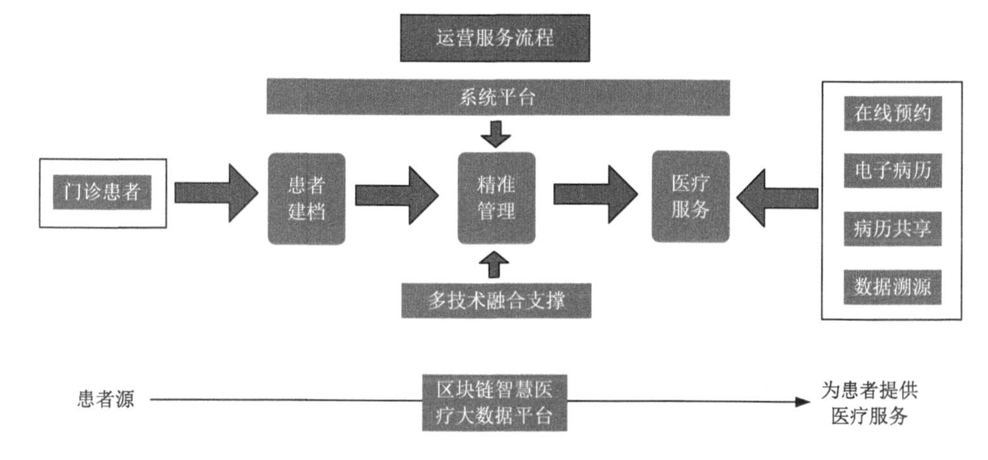

图 9.5　区块链智慧医疗大数据服务系统服务流程

首次使用系统平台时需完成用户注册，其中链上地址为用户在整个平台中的标识，如图 9.6 所示。

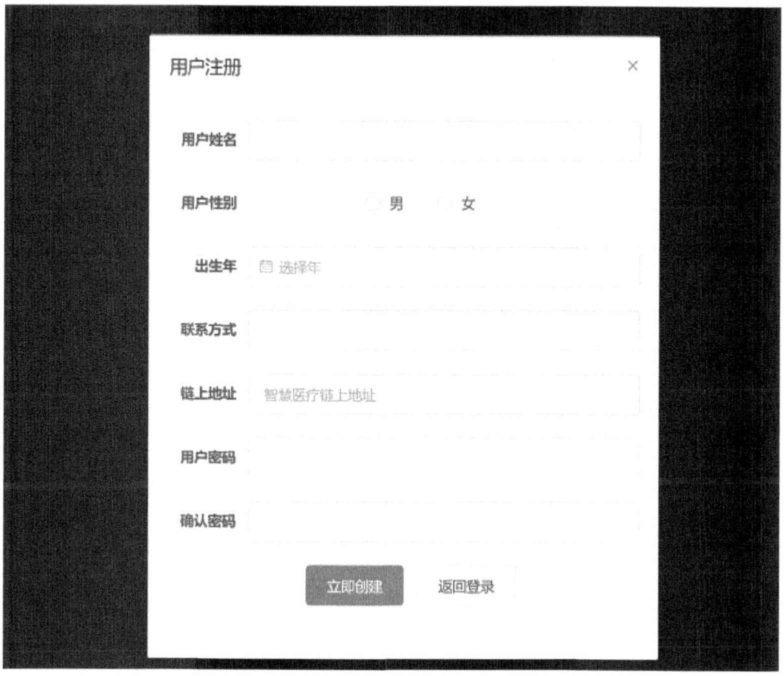

用户注册

用户姓名

用户性别　男　女

出生年　选择年

联系方式

链上地址　智慧医疗链上地址

用户密码

确认密码

立即创建　返回登录

图 9.6　患者注册

患者登录后可在医生预约界面进行预约，通过菜单选择医院、科室和医生，再通过日历控件选择就诊时间并填写病情描述，之后选择提交即完成医生预约，如图 9.7 所示。

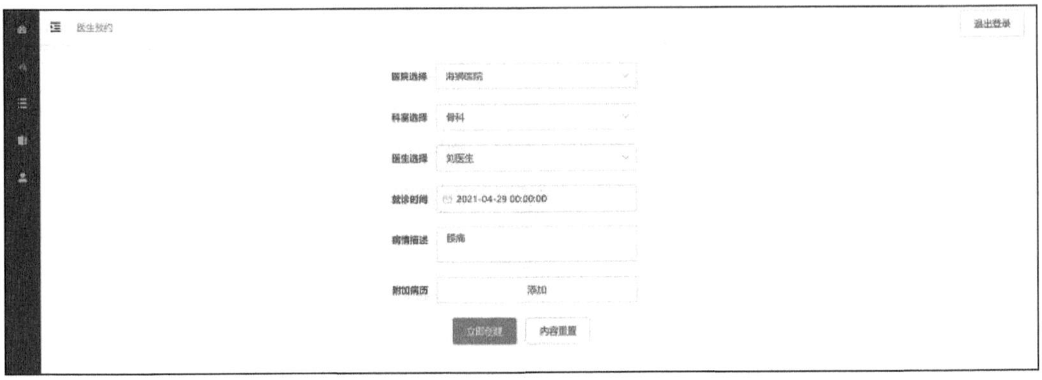

图 9.7 预约就诊

同时，患者在预约时可选择附加历史病历，病历地址信息被口令加密后存储在后端数据库中，并在医生完成问诊后删除，在实现医疗数据分享的同时避免了个人信息泄露的风险。

患者到达医疗机构就诊时，医生可在系统中查询患者预约信息，在问诊过程中，可对预约中附加的历史医疗数据进行查看（图 9.8），并点击填写病历控件进行病历信息填写（图 9.9）。

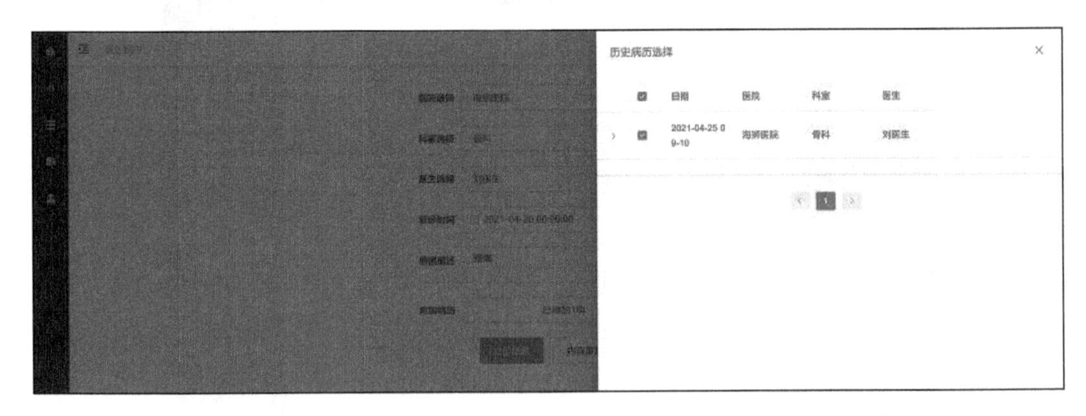

图 9.8 附加历史医疗数据

当问诊信息提交后，数据将被跨机构加密分布式存储。患者登录后可在病历信息页面查看自己的历史病历信息（图 9.10），系统会通过哈希值校验病历是否被篡改或破坏。

图 9.9　问诊及病历填写

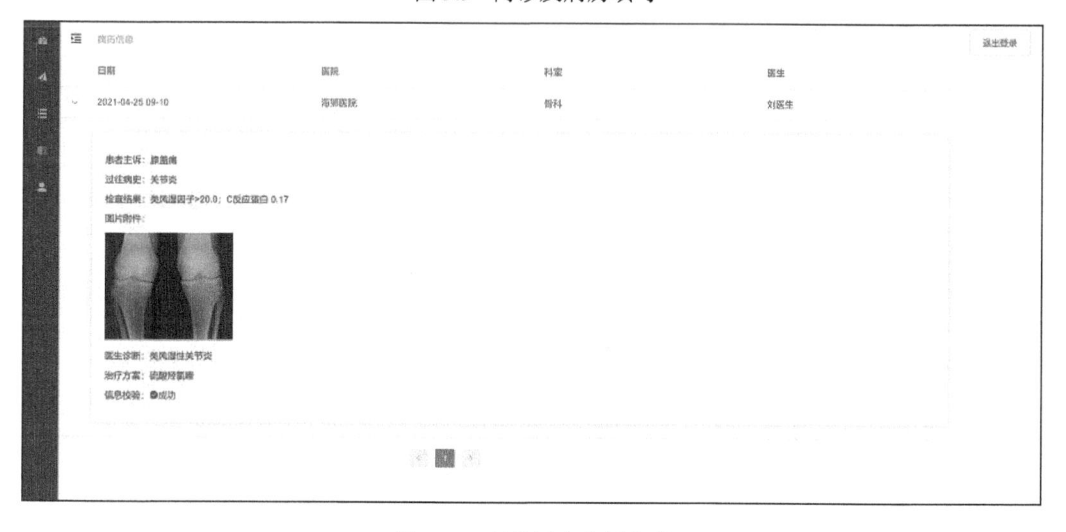

图 9.10　查看历史病历信息

9.1.3　服务平台技术组成

区块链智慧医疗大数据服务系统通过 Fisco-Bcos 联盟链底层架构和 IPFS 分布式文件存储等技术，在隐私性和不可篡改性的前提下实现医疗数据传递和医疗数据交换，打破了各医疗单位电子医疗数据系统之间存在着的数据壁垒，提高了患者隐私保护和医疗数据共享便捷性。其中底层使用多个数据存储平台，实现链上链下数据协从，并在应用接口层中通过相关 SDK 和持久化框架实现通信和数据交互。系统整体多端分离，在应对高并发时可通过容器化集群部署的方式来提高整体的数据服务效率。

9.2 区块链旅游消费积分数据服务

国家明确要制定出台新一批数据共享责任清单、探索建立统一的数据标准规范、支持构建多领域数据开发利用场景，全面提升数据要素价值[6]。

第 1 章介绍过，利用区块链数据服务支持的 BDaaS 系统打造面向服务的海南旅游消费积分数据交易平台，探索 O2O 旅游消费数据共享与交易模式，实现消费者与联盟企业、银行、政府信息全流程对接，为用户提供全面的旅游消费服务，是旅游消费新模式、新业态。

信息时代万物数化。海南省具有的旅游消费数据的规模、活性，以及收集、运用数据的能力，意味着海南旅游业巨大的发展潜力。旅游消费数据通过积分数据共享交易将成为旅游产业的核心资产。面向服务的海南旅游消费大数据平台，涉众用户比较丰富，由此导致多样的个性化定制需求。我们已经开发了大量服务资源（包括微软 asmx 或 Java Axis），符合探索区块链服务支持资源共享 BDaaS 项目实证载体特征要求。共享和交易部分准备采用 SOA 体系开发。

9.2.1 旅游消费积分数据服务需求分析

1. 应用背景

随着科学技术的发展，旅游业与信息技术产业高度融合，包括饮食、游玩、住宿和购物等旅游中的消费场景都已经从传统支付方式向网络支付转变，对这些过程中的数据进行分析与应用对于景区的发展有着重要的意义。运用大数据从客流量、游客偏好、满意度等角度分析，能够有效地填补传统旅游信息采集中的不足，并能够应用于景点推荐等场景，更好地服务景区的发展[7]。从另一方面考虑，旅游数据的有效分析能够为交通的治理和调度提供有效的决策支持[8]。

由于缺少旅游数据统一管理与应用平台，现有的研究多数是从单景点或网络文本的角度对旅游信息进行挖掘，致使景区长期以来数据信息孤岛化，阻碍了政府进行分析与决策。数据缺乏共享，使得游客无法进行有效的规划，往往导致人流短时间内激增，造成景区大面积拥堵，降低服务质量。同时，由于缺乏统一的旅游消费积分管理平台，使得积分营销方式的效果大打折扣，并且伴随中心化企业控制积分造成数据篡改等风险。数据共享性差也使得景区难以有效地分析经营状况，无法实现统一的管理和调度，不能为景点宣传和发展决策提供有效的支持。

2. 解决方案

区块链作为一种由分布式存储、点对点传输、加密算法和共识机制相结合的新兴技术方案，具有去中心化、可追溯以及不可篡改的特点，对于数据共享有着天然的优势。联盟链作为区块链技术方案的最新成果，能够有效地实现数据的统一化、透明化管理，在众多领域中有着重要的应用价值，将区块链服务技术与现有数据服务及产品相结合的模式将成为未来发展的重要趋势。本方案以“+区块链”的技术理念，探索旅游消费服务体系建设方案，构建消费积分通兑体系，解决企业间消费积分不互通、不共享等问题。

9.2.2　系统与角色设计

1. 服务体系分析

通过分析旅游服务体系，深入研究基于区块链、大数据、智慧推荐以及优化调度等技术相结合的旅游综合服务系统，打破旅游数据孤岛，实现数据共享，有效推动旅游服务业转型升级。探索建立旅游服务联盟体系，实现数据统一管理，并通过权限控制管理，使得隐私数据得到保护，为数据的分析与应用打好基础。基于构建的数据共享体系，研究数据透明化方案，为政府的旧政策的完善和新政策的提出提供决策支持，并实现政府对旅游业的服务质量、价格和能力的有效监管。探索旅游消费积分通兑和统一管理平台方案，打破企业间的积分数据孤岛，为用户提供便利，增强“积分营销”的效果，提高消费积极性。构建景区经营状况动态分析方案，景区管理者可对附近的行业进行监管，实现统一调度与管理，降低服务压力，提高景区服务质量。实施用户画像智能分析，贴合用户消费偏好与服务诉求，实现景区智慧推荐，提高用户体验，实现智慧出行。区块链旅游数据服务体系如图 9.11 所示。

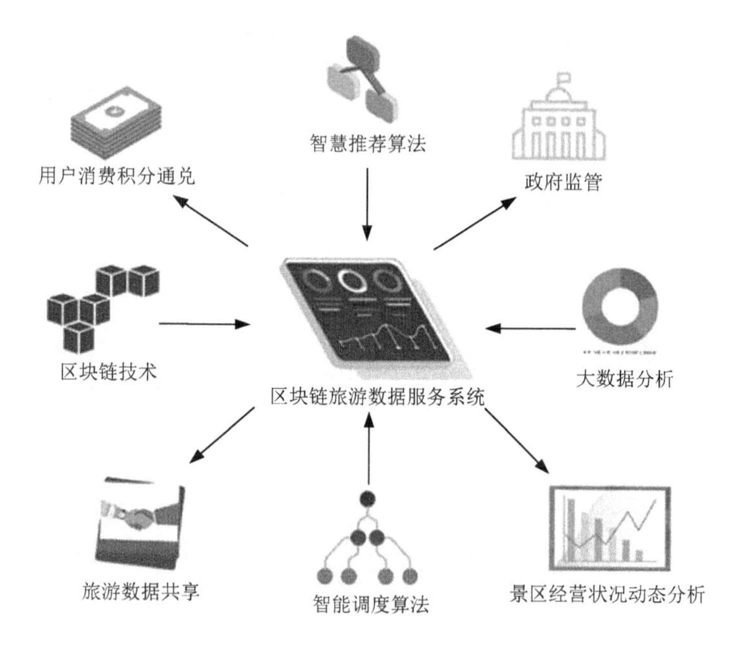

图 9.11　区块链旅游数据服务体系

2. 区块链旅游消费积分服务模式设计

积分作为消费行为所产生的“附加值”，能够在很大程度上提高消费者的积极性。然而，缺乏统一的积分体系大大地降低了“积分营销”的实际效果。景区加入联盟链体系，为旅游消费积分的统一管理提供了基础，能够有效打破积分数据孤岛，增强用户的消费体验，更好地促进旅游消费水平的提高。区块链旅游积分数据服务模式如图 9.12 所示。

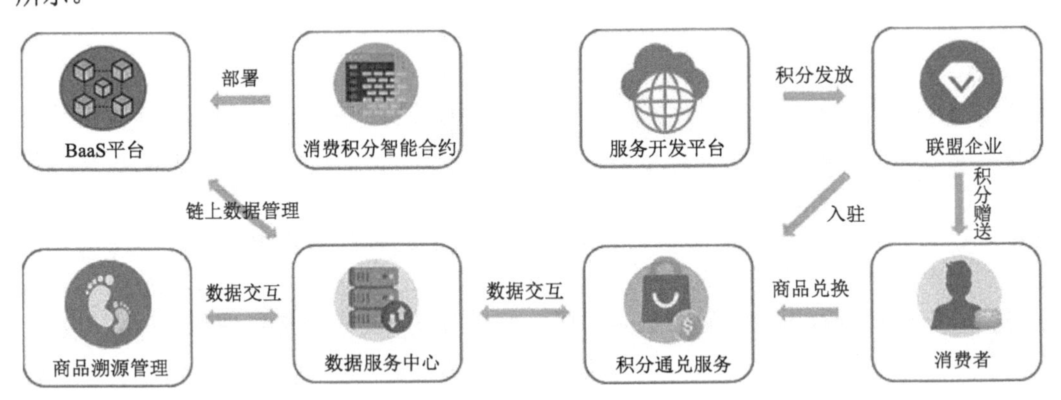

图 9.12　区块链旅游积分数据服务模式

3. 系统角色与功能需求设计

首先对系统中所包含的角色进行抽离，并以角色不同对功能进行划分，最终依据功能间的关联关系完成系统模块的整体设计。区块链旅游积分数据服务角色功能设计如图 9.13 所示。

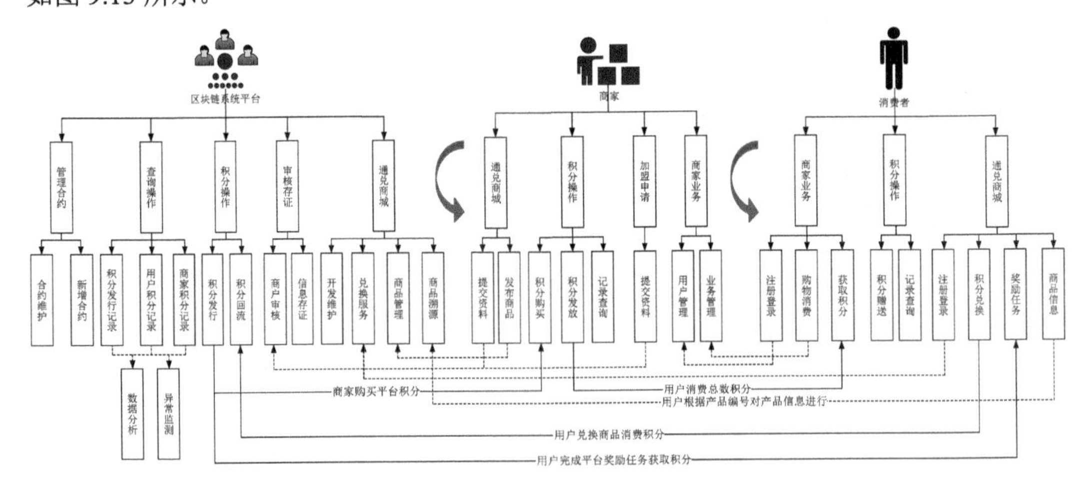

图 9.13　区块链旅游积分数据服务角色功能设计

从图 9.13 可以看出，区块链系统平台管理者包含管理合约、合约信息查询、合约积分操作、商家信息审核以及通兑商城管理等需求。基于合约管理，区块链系统平台可对具体的积分通兑策略和系统升级等进行维护，增强系统的可扩展性。同时，基于对合约数据的管理能够完成对异常积分交易的监测以及实现对平台整体运行状态的分析。以平台作为商家接入的入口，并在平台中进行商户信息审核以完成区块链的准入许可，提高平台安全性，实现链上链下身份绑定。最终基于通兑商城平台来实现商家业务的接入，并完成整体的激励积分闭环流转。

商家则包含积分商城商品管理、积分操作、加盟申请以及商家自身业务的需求。基于积分通兑平台的接入商家可通过售卖自身商品实现积分回流，并在自身业务平台中接入对积分的转增，从而完成积分向消费者的流转，促进消费者进行消费。

消费者包含商家业务访问、积分操作和商城积分兑换等需求。消费者通过在商家业务中进行消费获取激励积分，继而在积分通兑商城中完成其他商品的兑换。同时，用户可基于溯源平台完成商品生产、运输和销售信息查看。

旅游积分整体系统服务关联关系如图 9.14 所示。

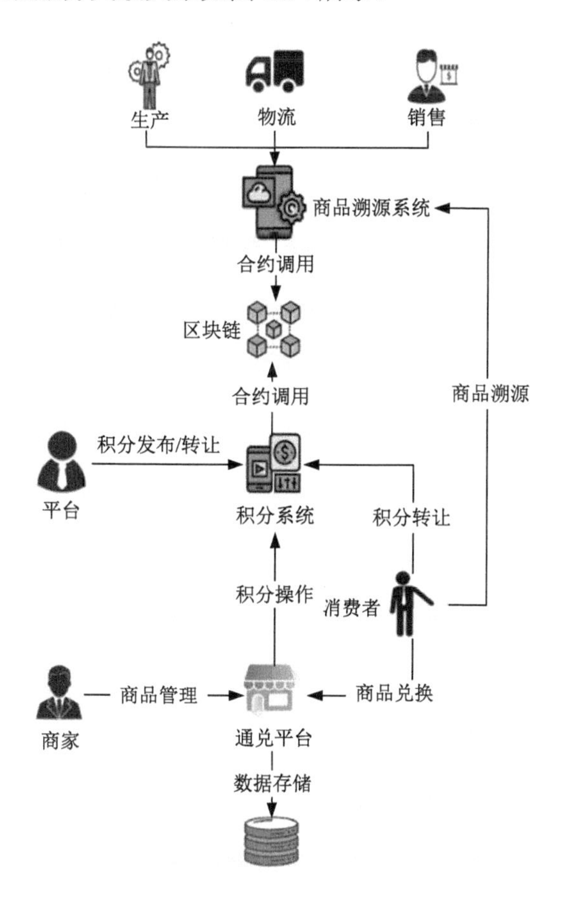

图 9.14　旅游积分整体系统服务关联关系

9.2.3　功能界面与描述

旅游积分通兑商城首页如图 9.15 所示，商品兑换界面如图 9.16 所示。

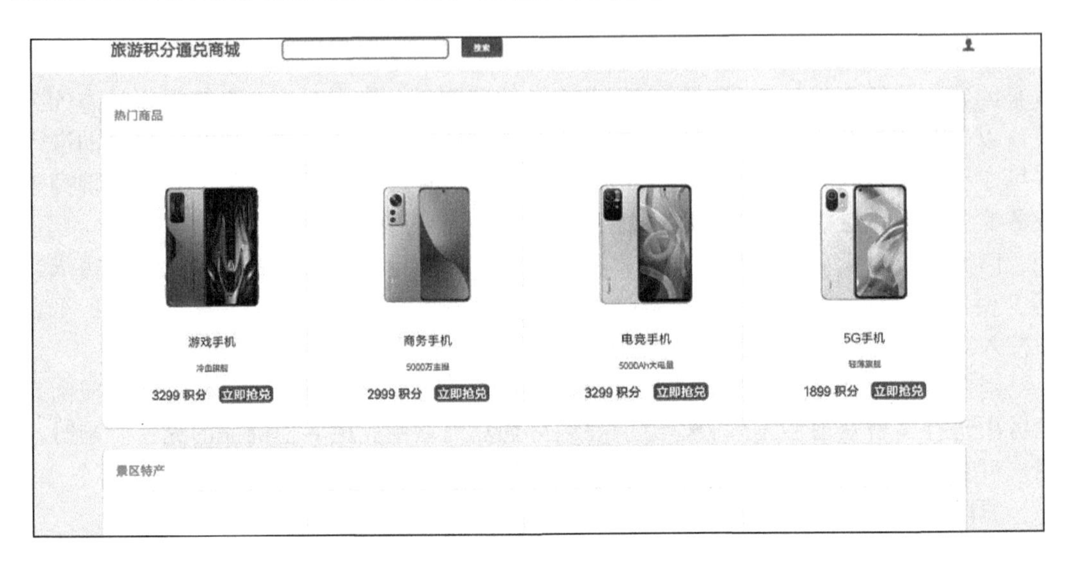

图 9.15　旅游积分通兑商城首页

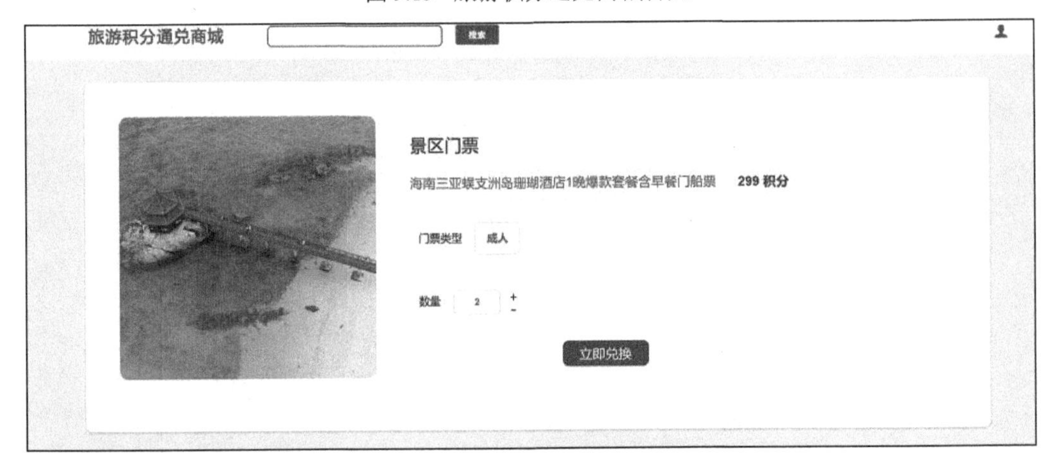

图 9.16　商品兑换界面

基于功能的不同，本节分别以积分通兑商城、商品信息存证溯源和积分发放与交易三个系统进行开发实现，并分别对其中的主要功能进行描述。

1. 积分通兑商城

消费者使用平台账户登录后，可在首页进行商品信息浏览，并通过点击立即兑换跳转至商品详情页。

用户可在详情页进行商品兑换，同时扣除相应数量的旅游积分。

2. 商品信息存证与溯源

区块链旅游积分服务平台中的企业可登录商品信息存证与溯源系统中进行商品信息添加。其中，生产商可登录平台通过填写商品基本信息完成商品创建。商品溯源管理平台商品新增界面如图 9.17 所示。

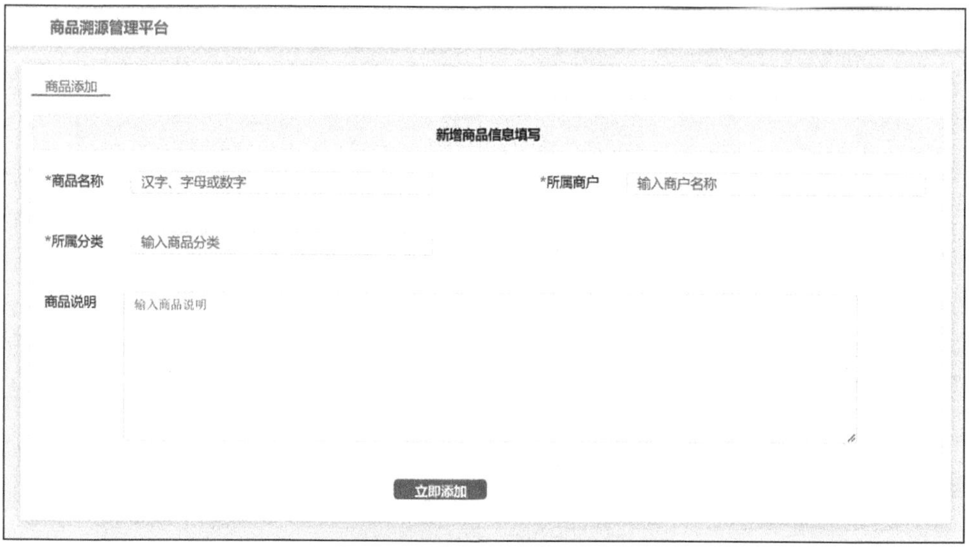

图 9.17　商品新增界面

在创建完成后得到商品的链上唯一编号，商品编号是商品溯源全周期的标识，如图 9.18 所示。

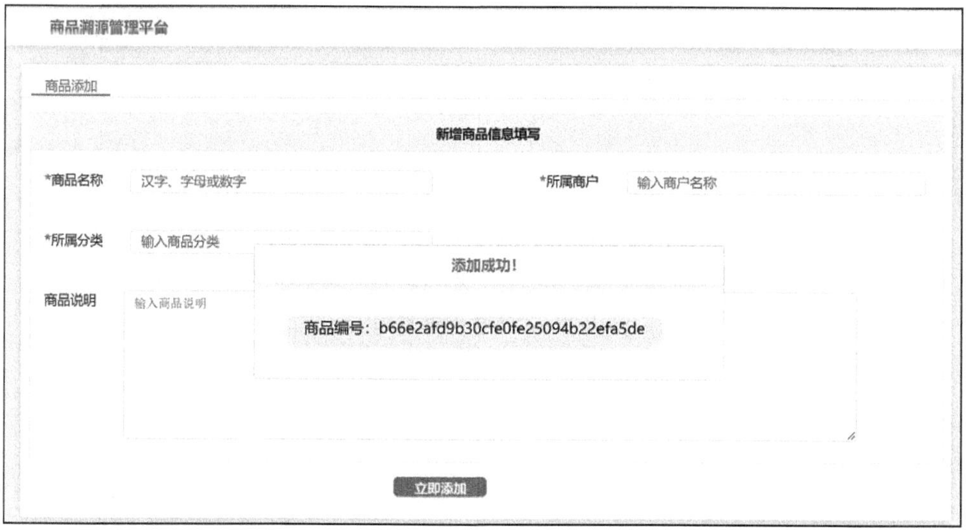

图 9.18　得到商品编号

物流公司在承运商品过程中，根据商品编号在溯源平台中追加运输信息，包括负责人、始发地、目的地和物流说明等，如图 9.19 所示。

销售方在销售商品时，根据商品编号在溯源平台中追加销售信息，包括销售地和销售说明等，如图 9.20 所示。

消费者在购得商品后或采购过程中，可对商品信息进行溯源，能够获取到完整的生产、物流和销售等信息，如图 9.21 所示。

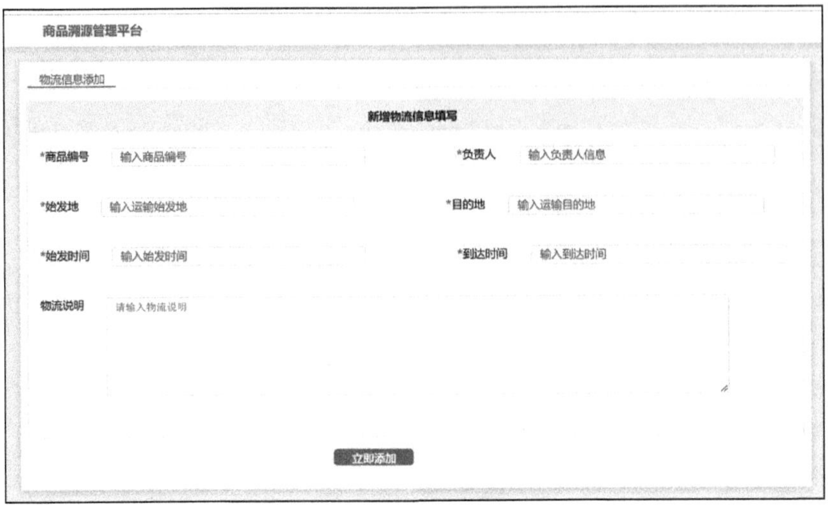

商品溯源管理平台

物流信息添加

新增物流信息填写

*商品编号 输入商品编号
*负责人 输入负责人信息
*始发地 输入运输始发地
*目的地 输入运输目的地
*始发时间 输入始发时间
*到达时间 输入到达时间
物流说明 请输入物流说明

立即添加

图 9.19　新增商品物流信息

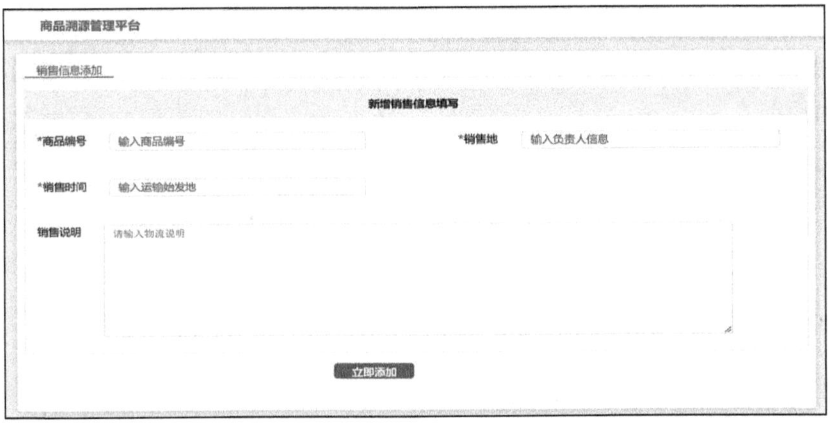

商品溯源管理平台

销售信息添加

新增销售信息填写

*商品编号 输入商品编号
*销售地 输入负责人信息
*销售时间 输入运输始发地
销售说明 请输入物流说明

立即添加

图 9.20　新增商品销售信息

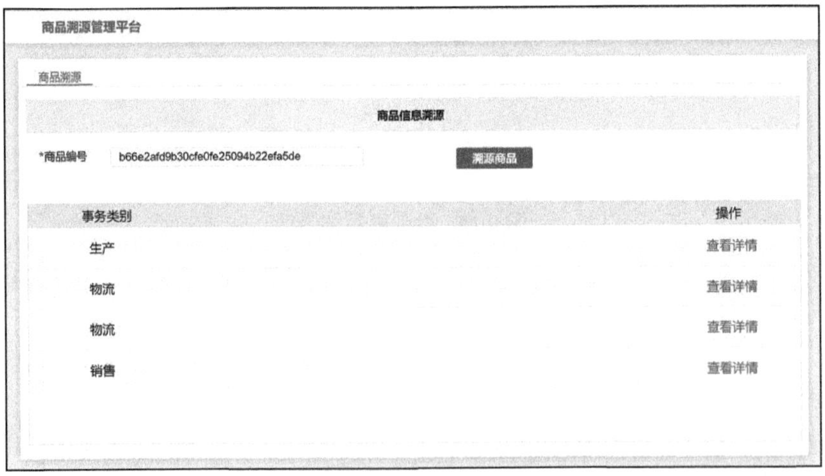

商品溯源管理平台

商品溯源

商品信息溯源

*商品编号 b66e2afd9b30cfe0fe25094b22efa5de 溯源商品

事务类别	操作
生产	查看详情
物流	查看详情
物流	查看详情
销售	查看详情

图 9.21　商品信息溯源

3. 积分发布与转让

区块链旅游积分系统用于积分发布和转让。积分发布者登录系统后，进入积分发布窗口，完成积分名称、积分总量和积分描述的填写之后即可执行积分发布。单击“立即发布”按钮后，系统校验当前身份是否具备积分发布权以及名称与数量是否符合规则，在校验完成后以当前身份发送创建积分交易并签名上链，并通过调用积分合约完成积分发布，如图 9.22 所示。

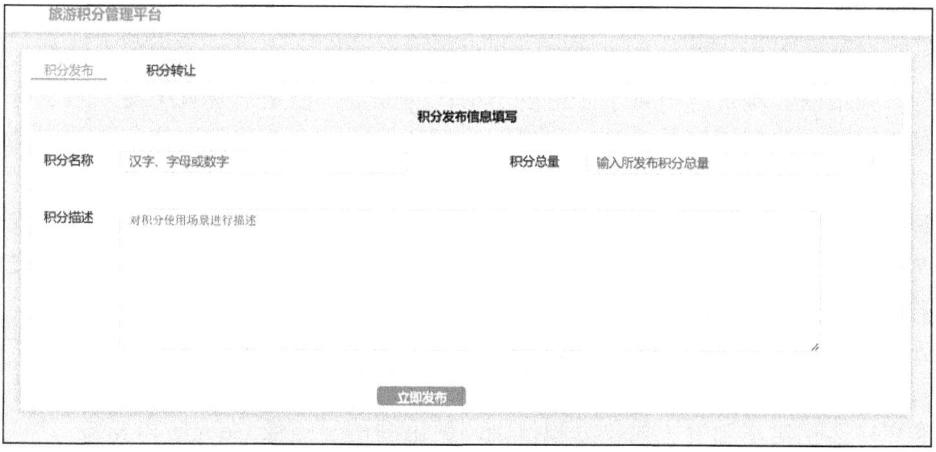

图 9.22　区块链旅游积分发布

积分拥有者可在系统的积分转让界面完成积分的转让操作。在登录完成后，选择要转让积分的类别即选择待转让积分，并填写转让数量和交易地址等信息，之后单击“发起转让”按钮完成积分转让。同时交易发起者可为交易附加备注，以便在交易记录中快速查找，如图 9.23 所示。

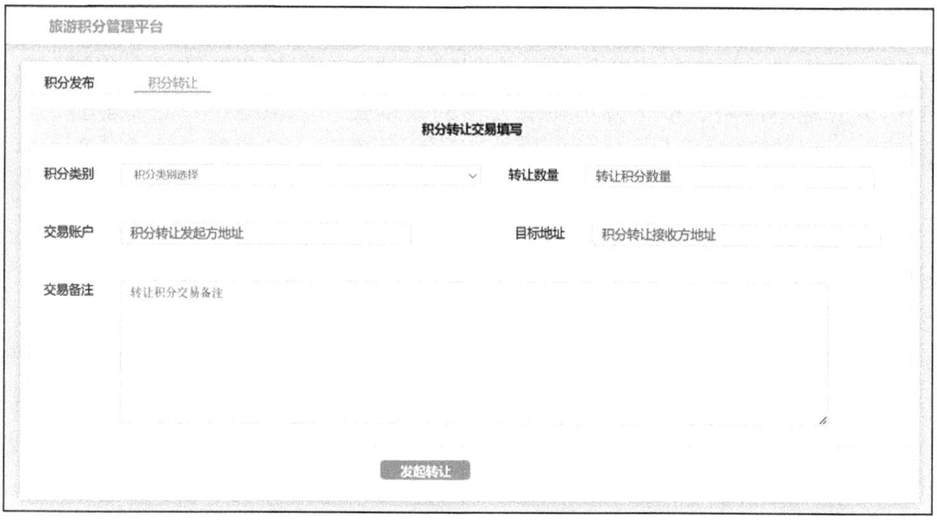

图 9.23　区块链旅游积分转让

9.3 智能合约安全漏洞检测及认证溯源数据服务

9.3.1 数据服务系统需求分析

1. 应用背景

智能合约的安全是区块链项目的命脉，目前智能合约的安全问题日益突出。对项目智能合约的安全审计报告是消费者对项目进行评判的重要指标，智能合约的安全审计工作不可或缺。项目方提供了一份安全审计的报告，但是消费者想要知道这份审计报告是否可信、是否不可篡改等，这就无法得到保证，中心化数据信息可信任的问题就会出现。

智能合约安全审计报告造假的事件也层出不穷。例如，2020 年 10 月区块链安全公司慢雾科技就发出声明表示：并没有对 Nanotron 项目进行审计；2021 年 8 月慢雾科技发布声明：没有对 FlokiDoge 做出审计等。

Internet 最初是为 TCP/IP 等去中心化协议设计和构建的，但是它的商业化导致了当今所有流行的 Web 应用程序的中心化。这里指的不是物理基础设施的任何中心化，而是指逻辑中心化对基础设施的权力和控制。突出的例子是像 Google 和 Meta 这样的大公司：虽然它们以物理上分散的方式在世界各地维护服务器，但这些服务器最终都由一个实体控制。控制系统的中央实体会给每个人带来许多风险。例如，它们可以随时停止服务，可以将用户的数据出售给第三方，并在未经用户同意的情况下操纵服务的运作方式。这对于严重依赖这些服务的商业或个人用户尤其重要。随着个人数据所有权意识的觉醒，网络用户对更好的安全性、自由度和控制的需求日益增长，并由此产生对没有单一实体控制的更分散的应用系统的需求，从而使得区块链技术逐渐发展和成熟。

同时，伴随着区块链技术的发展，人们越来越关注智能合约的安全问题。区块链设计的初衷就是不需要过多干预，实现公平的数据交换。但是，一旦智能合约的安全出了问题就会被恶意者所攻击，出现许多不可控的局面。目前的智能合约的安全审计技术处于发展阶段，自动化程度低，大多以人工审计为主，因此合约安全审计的花费较高。但是，伴随着区块链技术的成熟，智能合约的功能也在不断丰富，使得应用场景越来越多，智能合约的安全审计工作的市场需求是非常庞大的。

目前对于链上合约安全认证管理的创新性需求较强，现存的应用屈指可数。CertiK Chain 是一个智能合约安全的公链，当前版本是神荼 1.0，已发布神荼 2.0，但尚未完成升级。CertiK Chain 完全独立设计，采用的共识协议是 PBFT［一种委托权益证明（DPoS）的共识协议］，同时增强了去信任和去中心化安全技术，支持存储和访问智能合约的各种证明证书，并与现有的以太坊/区块链兼容。安全预言机是一种可以运行在区块链上的智能合约，其从离散的安全运营商网络中检索对智能合约的安全评估，综合这些评估并将它们组合起来以创建实时的链上评分。该产品虽然可以实时地创建链上评分，但基于公链的设计使得其背后的经济效益远大于它的技术效益，并不适宜安全可控的需求。

2. 需求分析

个别企业的数据造假事件，在业内引发轩然大波。信任是昂贵且脆弱的，一旦破碎，想要重新建立将会付出极大的成本，并且信用链一旦出问题，还将造成连锁反应。那么，如何解决数据不透明甚至数据造假问题，让公众重拾对企业的信任？区块链结合自身的技术特色能够交出一份满意的答卷。

智能合约的安全审计认证链上共享，不仅可以保证安全认证的透明与不可篡改，也大大地节约了链上安全行为的资源消耗。结合区块链自身的技术特点，以及目前对链上信息安全的管控等需求，我们致力于软件服务技术的跨界融合和创新发展，着力解决智能合约溯源服务及合约数据有效应用问题，结合服务计算、区块链、大数据等软件服务技术开发了一套完整的区块链智能合约安全漏洞自动化检测及认证溯源服务系统。本系统提供在线的智能合约安全漏洞自动化扫描，以及智能合约安全认证上链与溯源等服务。

9.3.2 数据服务系统功能设计

1. 系统功能分析

本系统旨在成为区块链中所有利益相关者的可证明信任的基础设施。结合区块链中智能合约安全的重要性、区块链不可篡改、可溯源等特性，本系统为智能合约的安全调用提供工具与保障。系统实现的功能主要包括：智能合约安全审计报告数据上链服务、智能合约安全在线自动化检测服务、链上合约安全认证溯源查询服务、用户合约安全认证管理服务以及上链数据后端监控平台等。它为正常及安全的智能合约的执行和交互提供了力量、效率、保护、透明度。

本系统提供智能合约安全自动化审计服务，并将智能合约的检测认证结果上链，实现链上数据的公开透明，人人共享。智能合约的经营者（项目方）将智能合约安全认证上链对投资者来说，无形之中增加了项目的宣传与影响力，提高了公信力。对于个体而言，将自己的合约安全认证结果上链不仅可以参与安全生态的建设，也可以获得一定的积分奖励；对于需要对智能合约进行安全漏洞扫描的公司而言，使用自动化检测引擎及平台的安全合约库等资源，可实现点对点的服务，避免了中心化数据管理数据可信的问题，将用户的积极性发挥到最大。

2. 架构设计

基于区块链的智能合约安全检测认证溯源系统在设计过程中采用 Fisco-Bcos 联盟链作为底层的链支撑，结合智能合约的设计使得认证内容、结果等以交易的形式上链，使用密码学签名加密等技术进行用户身份的确权，来完成溯源工作存证部分的工作；采用 Flask 与 Fisco-Bcos Python SDK 接口的调用来支撑业务与链的交互；通过

MySQL 的开发与设计实现安全检测认证溯源的逻辑设计，最终通过 UI、Echarts、Pyecharts 等网页与图表的设计使得系统界面友好，功能实用与便捷。系统技术框架图如图 9.24 所示。

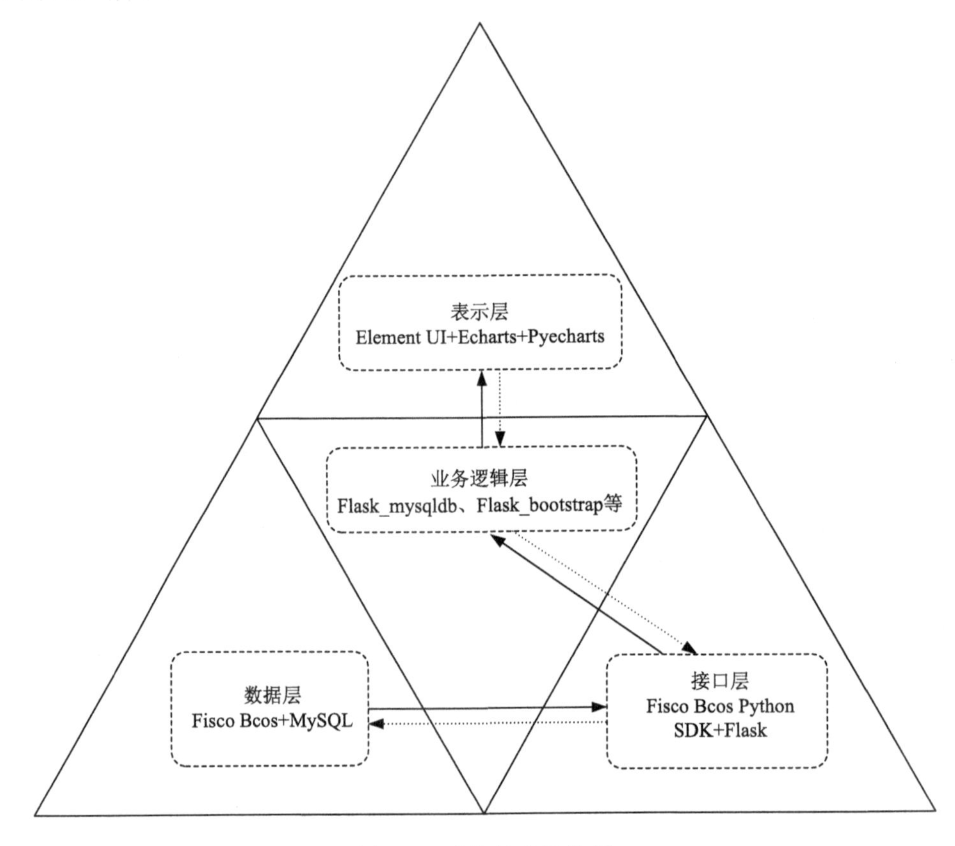

图 9.24 系统技术架构图

3. 系统功能设计

系统主要面向普通用户和链管理员两种角色：普通用户可以实现认证上链、链上查询、在线智能合约安全漏洞扫描、共享合约安全认证、溯源查询等功能；链管理员可以对区块链底层的运行进行监控、维护和管理。

系统主要分为四大模块：成员管理模块、数据上链模块、在线检测认证及溯源服务模块、区块链后台管理模块。成员管理模块主要实现账户注册、登录以及管理员登录；数据上链模块主要实现身份创建、数据上链与查询等功能，数据上链之前需要确认数据签名与上传者的身份是否匹配，方可上链；在线检测认证及溯源服务模块主要实现编辑认证、认证上传、溯源查询，并提供在线进行智能合约漏洞检测的功能；区块链后台管理模块的功能主要包括节点管理、合约管理和链上交易查询等功能。用户用例图如图 9.25 所示，系统功能架构图如图 9.26 所示。

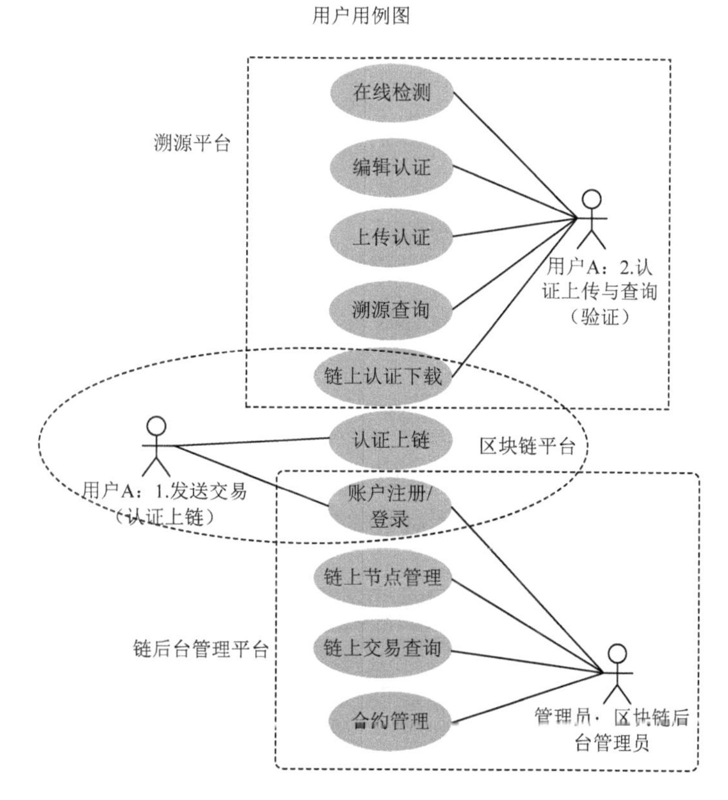

图 9.25　用户用例图

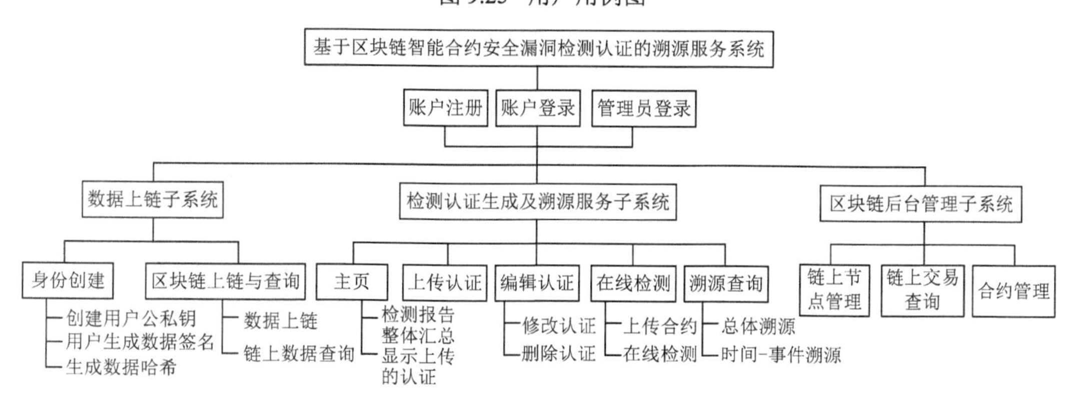

图 9.26　系统功能架构图

一方面，提供智能合约安全认证溯源服务，实现智能合约安全证明链，为消费者提供项目安全的评判依据；另一方面，实现对智能合约进行自动化扫描，并实时生成自动化检测报告，可作为合约安全审计的初步材料。将安全等级较高的智能合约共享，形成合约安全库，节省调用者再额外支付合约安全审计的成本，方便合约的安全调用。

图 9.27～图 9.29 展示了三个子系统主界面。

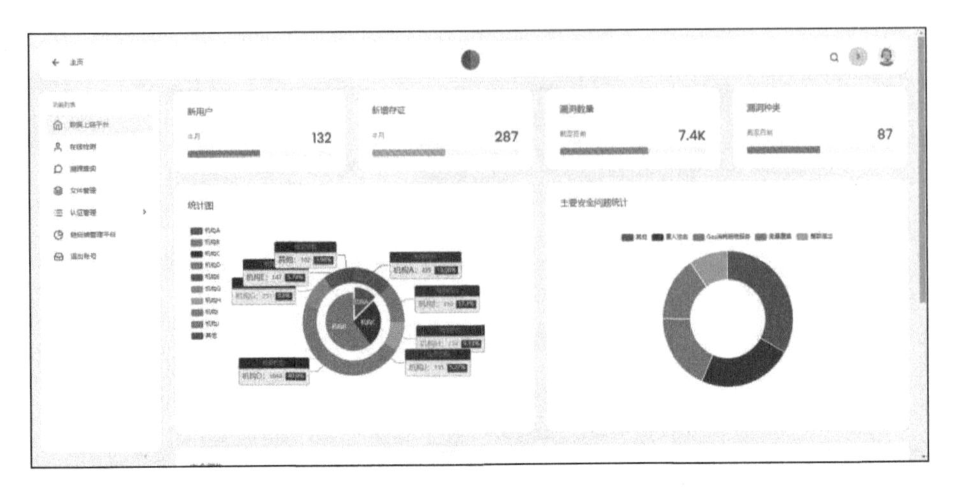

图 9.27 检测认证生成及溯源子系统主界面

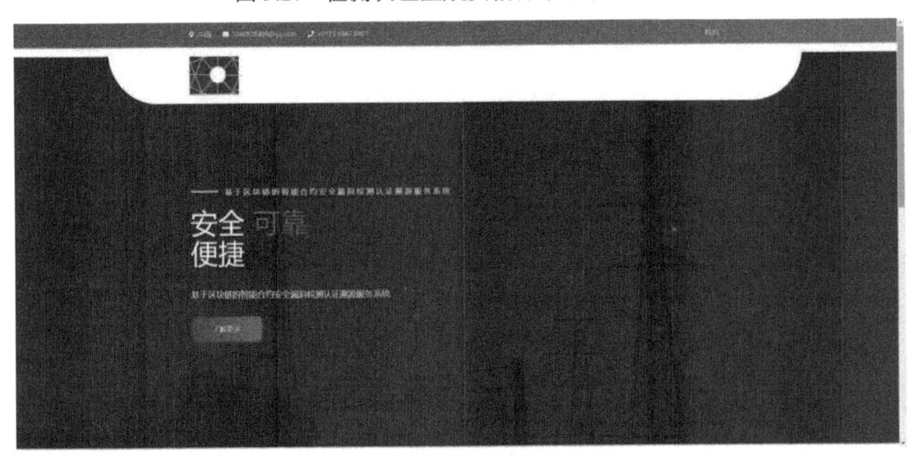

图 9.28 数据上链子系统主界面

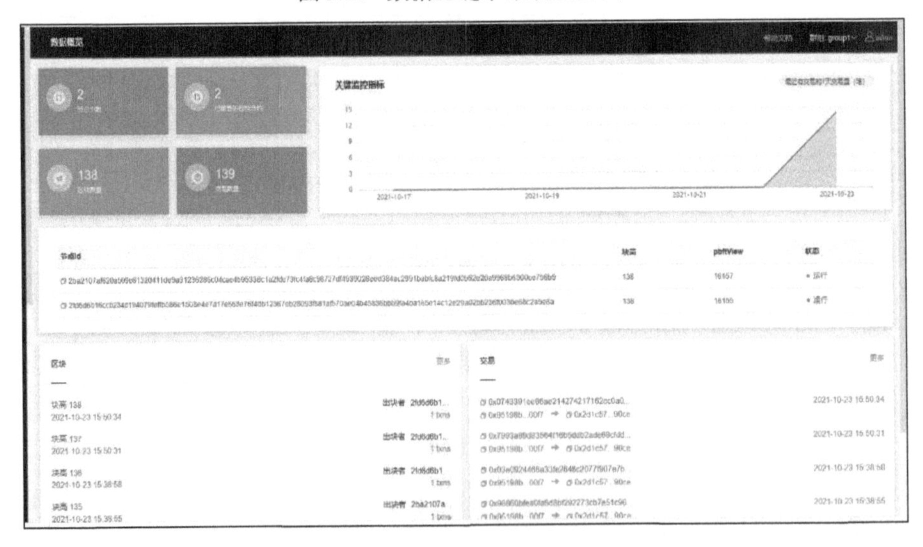

图 9.29 区块链后台管理子系统主界面

4. 技术路线与工作流程

数据上链服务模块、检测认证生成及溯源服务模块、后台管理模块、合约在线安全检测服务以及账户管理模块共同组成系统的主要功能，其中数据上链和溯源服务模块共同实现一个可溯源的智能合约安全认证的证明链的设计。来自于自动化漏洞扫描引擎的检测结果或各安全审计机构的审计报告作为数据源均可上链。使用区块链存储与数据库存储相结合的方式进行数据管理，是本系统设计的重点，链上数据虽然可信且不可篡改，但是链上加密数据不适合进行二次开发来实现更丰富的功能。因此，本系统使用数据库与区块链存储相结合的方式进行，数据一旦上链便无法篡改。开发者可使用数据库的数据（主要是链上数据非加密形式）进行统计等二次开发，为用户提供智能合约安全存证的溯源服务，用户可以访问区块链平台验证溯源结果的真实性与可靠性，提供一站式的认证上链、链上查询、在线检测合约、共享认证、溯源查询、数据可视化等功能。应用与服务流程概述图如图9.30所示。

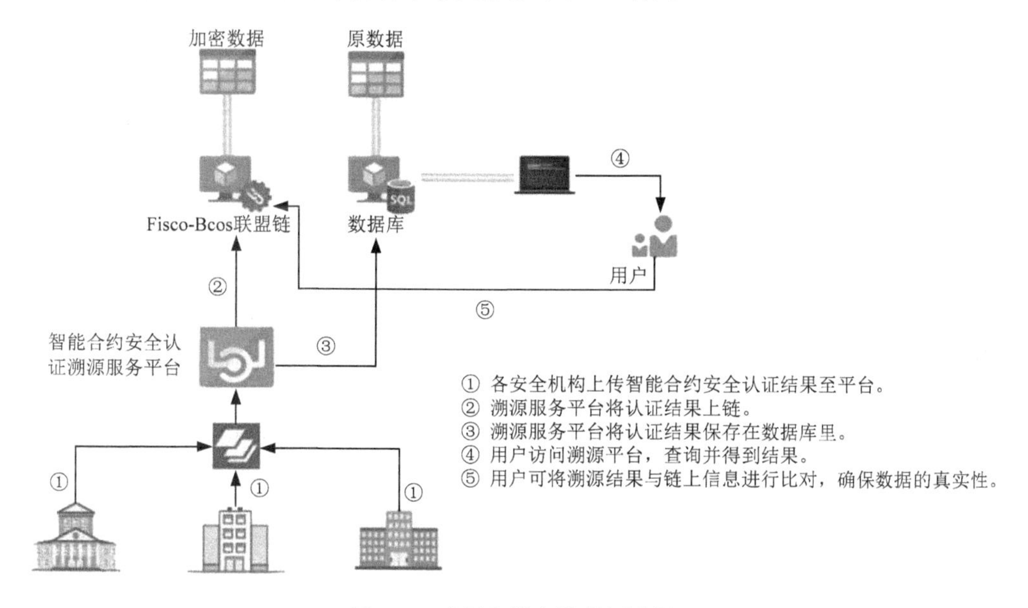

图9.30 应用与服务流程概述图

① 用户登录　用户登录时会查询数据库的用户表中是否存在登录用户的信息，并将结果返回。登录时可以选择普通用户和管理员用户两种身份，如图9.31（a）用户登录界面所示。

② 注册新用户　根据用户填入的信息，将信息插入数据库的用户表中，完成用户的注册。示例如图9.32（a）所示。

③ 系统主界面　首页主要显示系统中各用户共享的合约安全认证信息，包括两大模块：一是已共享的合约认证总体分析，主要包括合约认证中检测机构的占比图、主要安全问题的统计图，可以对用户选择检测机构提供帮助；二是各用户已共享合约安全认证详细内容。示例如图9.33、图9.34所示。

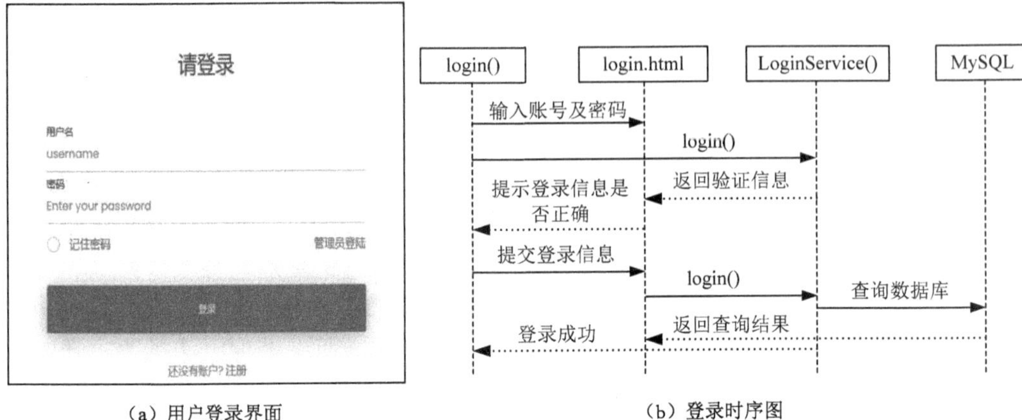

（a）用户登录界面　　（b）登录时序图

图 9.31　用户登录

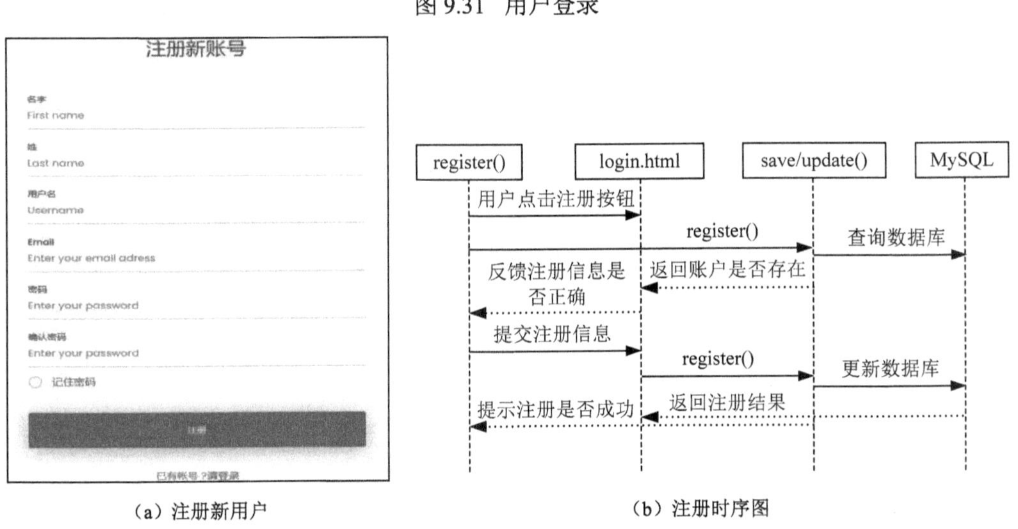

（a）注册新用户　　（b）注册时序图

图 9.32　用户注册

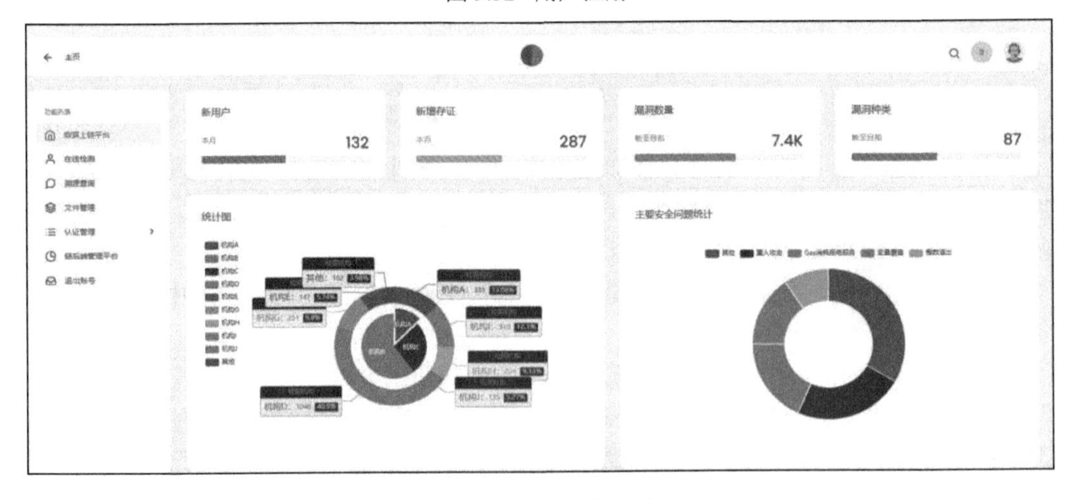

图 9.33　系统访问数据展示

安全报告

上传者	检测时间	存在问题	检测机构	存证哈希
janson	2020/01/01	重入攻击	机构A	496aca80e4d8f29fb8e8cd816c3afb48d3f103970b3a2ee1600c08ca67326dee
janson	2020/03/01	重入攻击	机构B	0x54d30c3f0fd1980d79a90224f334e11732387900ec5810850lcd368cbd902eb2
zexu	2020/05/01	[illegible]	机构C	496aca80e4d8f29fb8e8cd816c3afb48d3f103970b3a2ee1600c08ca67326dee
A1	2020/10/01	[illegible]	机构D	496aca80e4d8f29fb8e8cd816c3afb48d3f103970b3a2ee1600c08ca67326dee
A1	2020/11/01	[illegible]	机构D	0x54d30c3f0fd1980d79a90224f334e11732387900ec5810850lcd368cbd902eb2

图 9.34　用户共享存证展示

④ *上传认证*　主要实现上传用户自己的认证实现共享的功能。用户可以将自己的智能合约安全检测认证上传至系统，以此达到一个共享认证的目的，为需要的用户提供帮助。示例如图 9.35 所示。

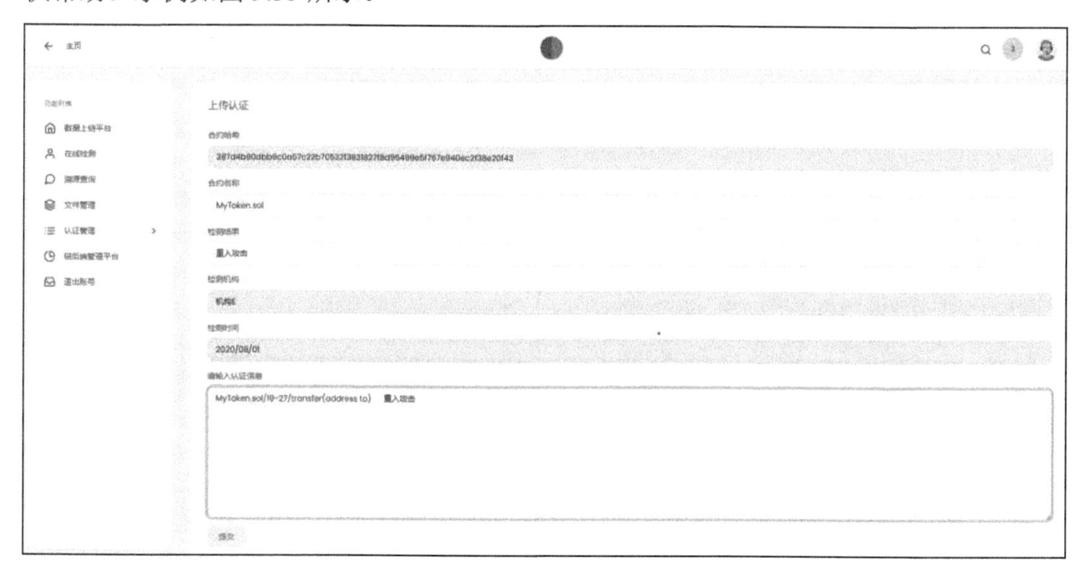

图 9.35　认证上传

⑤ *在线检测*　本系统提供智能合约安全在线检测的工具，以帮助用户实现基本的智能合约安全漏洞的检测，用户可以自行选择。示例及检测结果如图 9.36、图 9.37 所示。

⑥ *溯源查询*　溯源查询主要包含两方面的查询。一是针对某个合约的事件查询：对某个合约的安全认证的时间、认证的结果得以时间线的形式展现；二是对某个合约系统总体统计情况的溯源，包括合约总体访问情况、总体检测情况。溯源结果界面如图 9.38 所示，溯源查询时序图如图 9.39 所示。

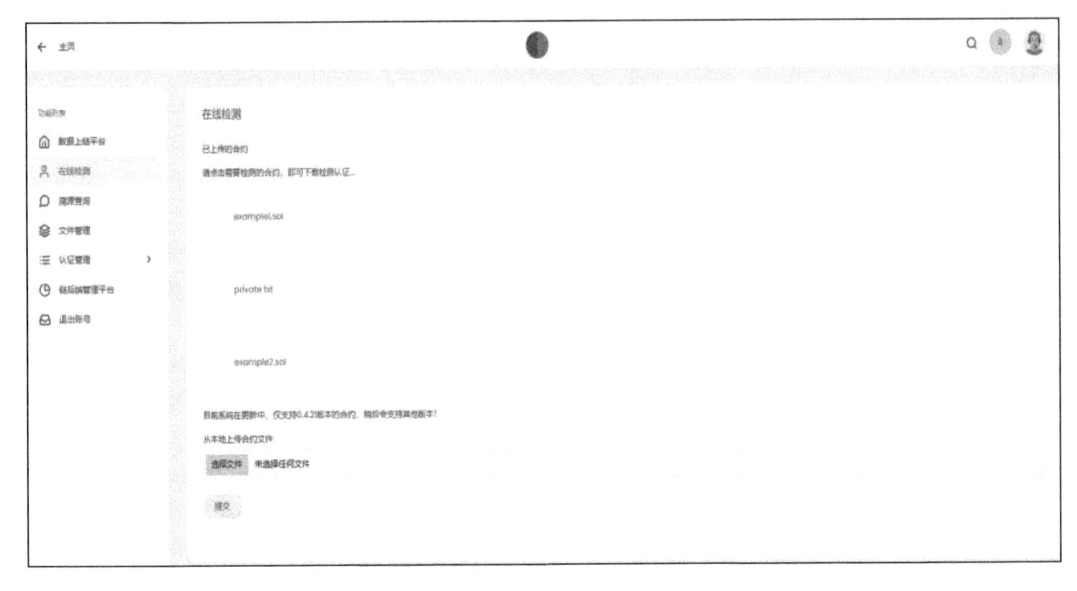

图 9.36 检测界面

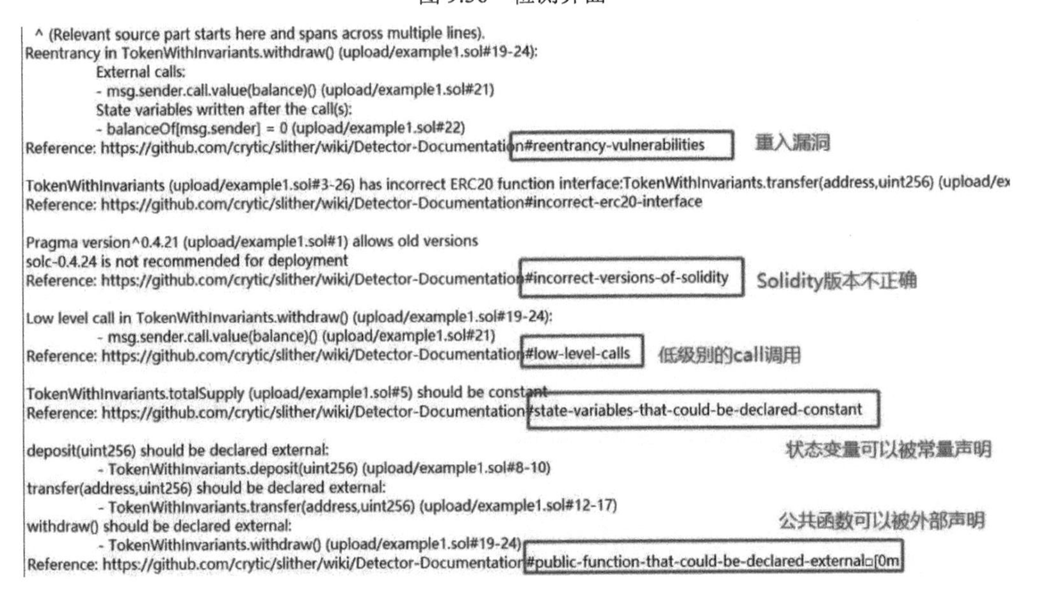

图 9.37 初步检测结果展示

⑦ **认证上链** 数据上链主要包括：创建公私钥（P，p）、生成认证数据的哈希值 $H(D)$、利用公钥对数据进行签名 S，最后将认证数据 D、认证数据的哈希值 $H(D)$、用户公钥 P、签名（S）一起打包，以交易的形式打包写进区块，在打包交易之前默认会对签名进行验证，确保上链数据的真实性。写入区块后会返回交易的哈希值即认证交易哈希 $H(R)$，将认证交易哈希 $H(R)$与认证数据的哈希值 $H(D)$再一起打包写入交易，方便链上数据的查询。界面、时序图、流程分别如图 9.40～9.42 所示。

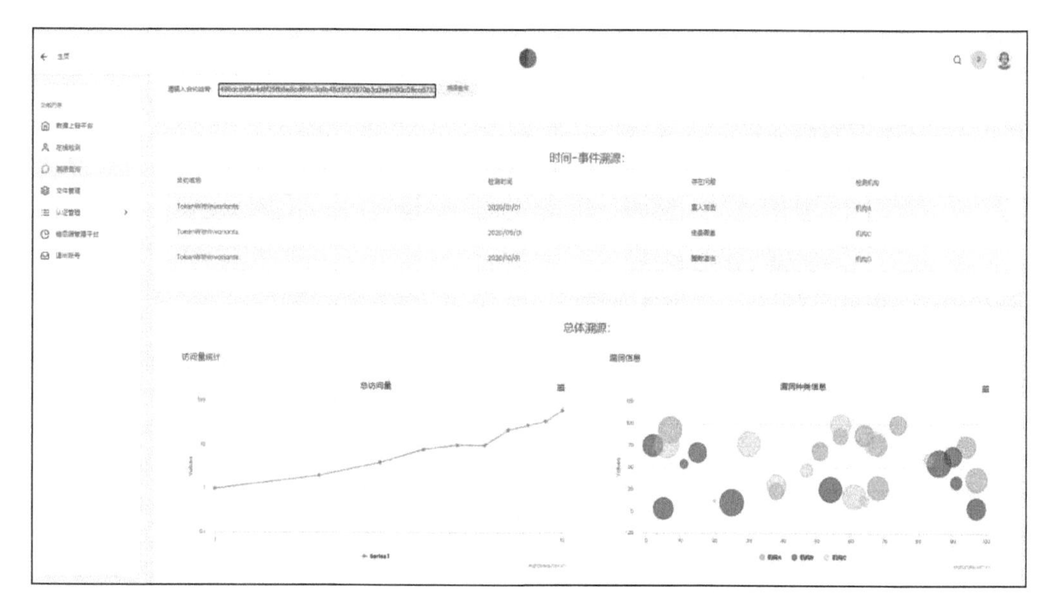

图 9.38　溯源结果界面

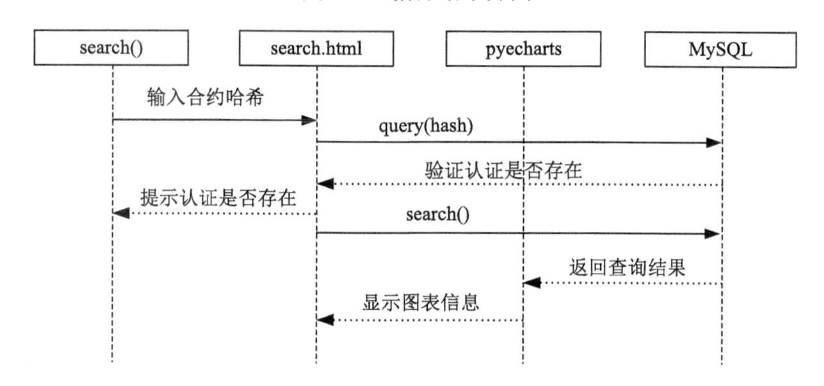

图 9.39　溯源查询时序图

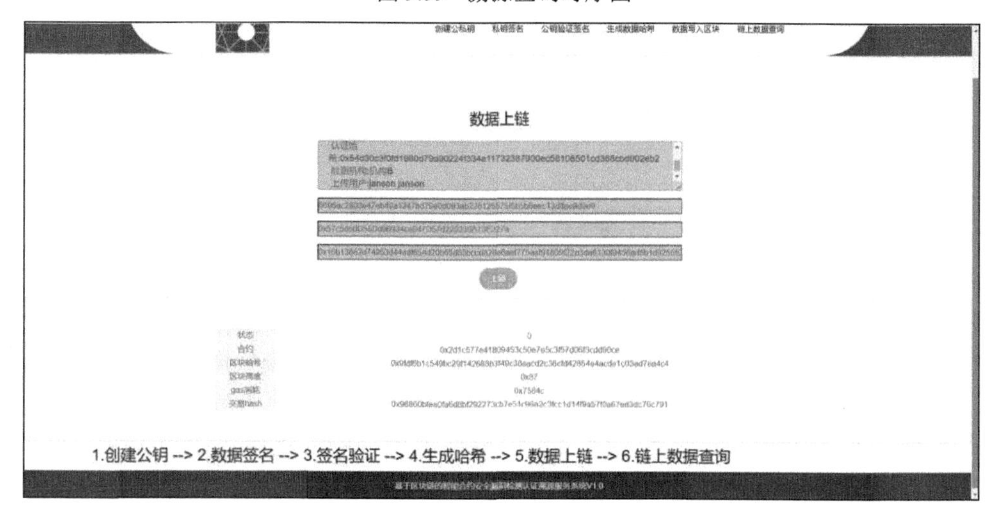

图 9.40　数据上链界面

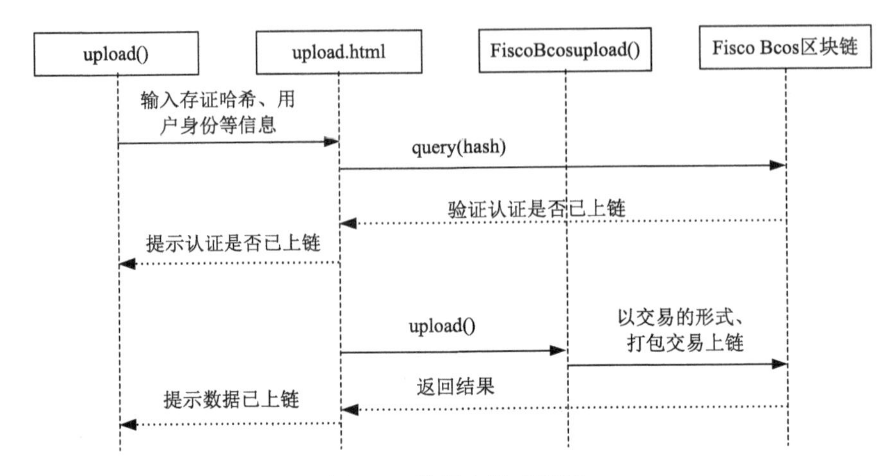

图 9.41　数据上链时序图

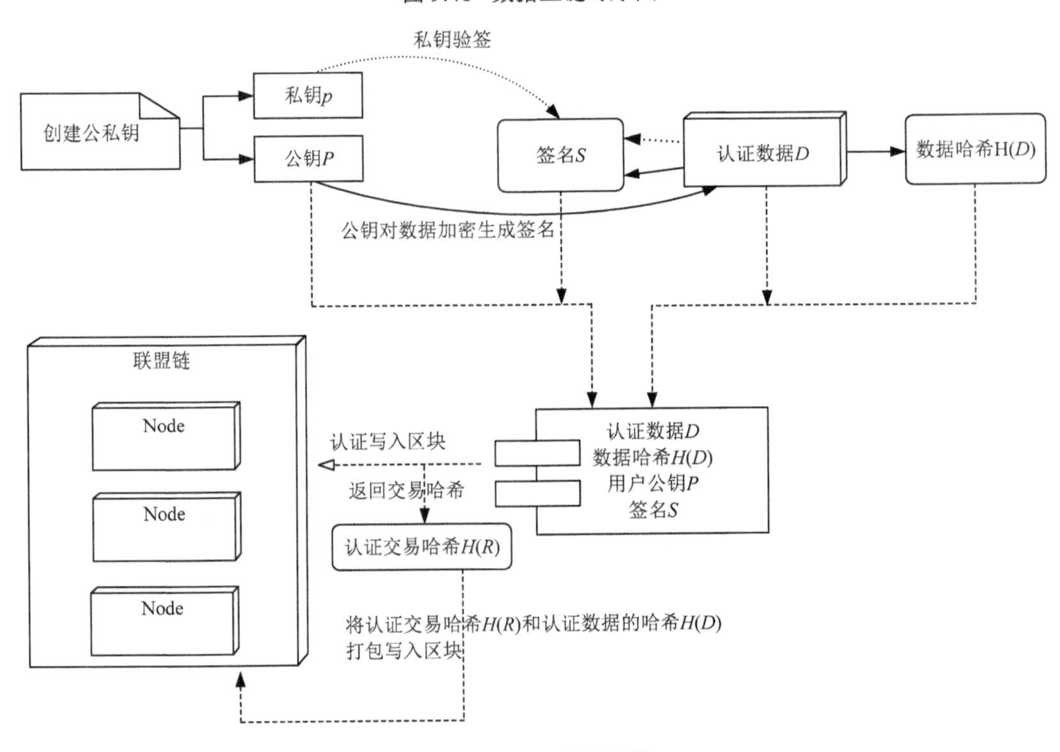

图 9.42　认证上链流程

⑧ **链上数据查询**　输入认证的哈希即可进行查询，查询结果包含区块哈希、交易哈希、原数据、认证拥有者（上传者）公钥以及上链时间，通过链上数据查询的方式来确保共享认证的真实性与权威性。链上数据查询界面如图 9.43 所示，链上数据下载时序图如图 9.44 所示。

⑨ **链后台交易查询与监管**　管理员可登录链后台管理模块，实现对链上节点监管、交易查询、打包情况查询等功能，部分界面如图 9.45～图 9.47 所示。

图 9.43　链上数据查询界面

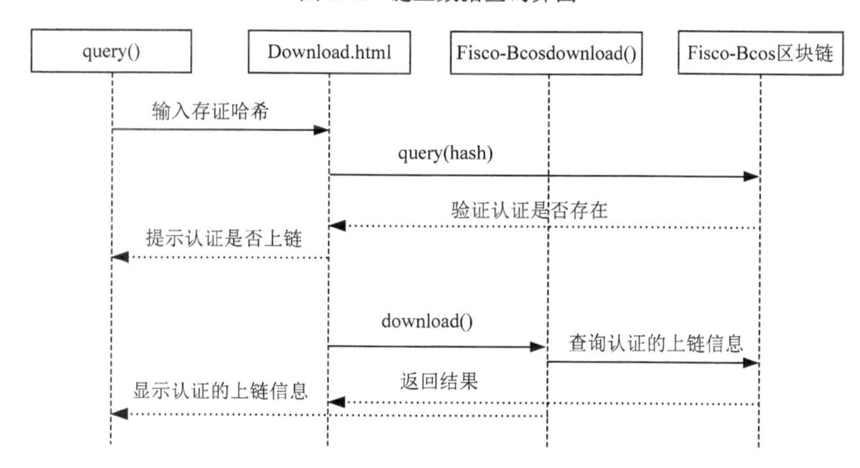

图 9.44　链上数据下载时序图

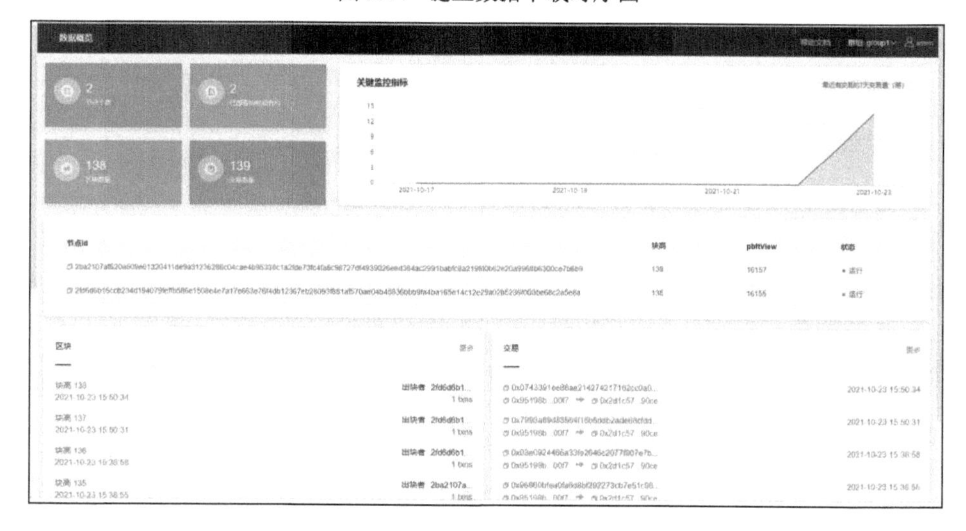

图 9.45　链后台节点监控界面

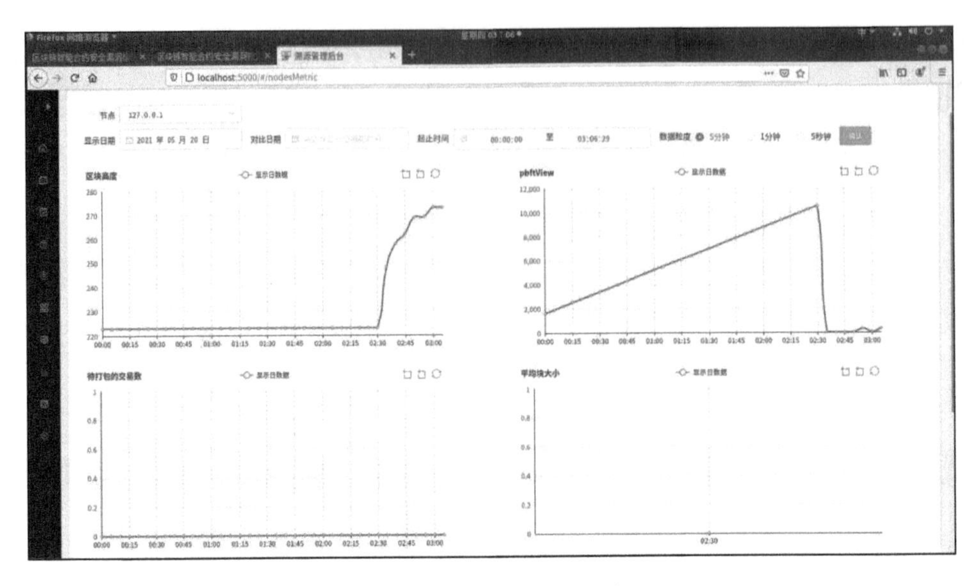

图 9.46　后端运行监控平台

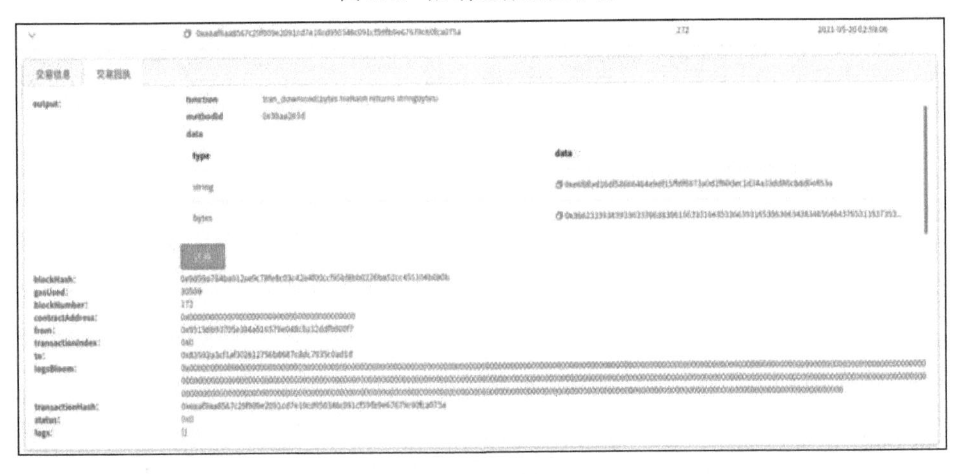

图 9.47　链上交易细节

9.3.3　数据服务系统的主要特色

1. 技术创新性

① 具有溯源功能的智能合约安全认证的证明链设计　结合密码学的设计，用户的私钥对上传数据进行签名，公钥验签，在保证用户身份可认证的情况下，确保上链数据的完整与隐私。用户通过溯源平台获得溯源结果可通过链上数据的查询验证数据的真实性，解决中心化数据可信任的问题。

② “动静结合”的漏洞检测技术　使用静态建模分析与动态执行验证相结合的思想来对漏洞进行自动化扫描，将其作为在线检测的底层技术。该引擎支持近百项漏洞的静态检测，检测速度与准确度较高，通过对检测结果关键信息的提取和筛选，将漏

洞信息以可视化、可读性强的形式展现给用户。

③ 基于联盟链的设计　利用联盟链的特点及开源即服务的思想，实现对用户身份与权力的界定，形成多中心化的局面，有助于链上数据更好地交流与传播。例如，通过联盟链的身份管理机制授权、权威性高的安全审计机构认定的高安全性的智能合约可形成相关的安全合约库，方便普通用户合约的安全开发等。

④ 链上与链下的数据分层配合　利用区块链的链上数据不可篡改、可溯源等特性保证链上数据服务的可靠性，实现链上证明。配合链下数据库的设计，更好地发挥出区块链溯源功能的优势，实现链下溯源。

按照功能的不同进行层次划分，并相互独立，在逻辑上保持统一。

2. 系统主要特色分析

基于 BaaS 的理念，提供一站式的认证上链、链上查询、在线检测合约、共享认证、溯源查询、数据可视化等功能；提供 API 服务调用、BaaS/SaaS 方式供专业开发用户使用。利用联盟链的特点，使得用户在使用的感受、处理速度等方面，与传统的项目对接，并且很好地解决中心化数据信任的问题，在自主可控的前提下，极大地提高用户的积极性。

搭建了一个数据可信、安全的智能合约安全自动化漏洞检测及认证溯源服务系统。利用联盟链的多中心化等特点确保链上数据的不可篡改、可溯源，发挥链上数据的可靠性与权威性的优势；结合对共享认证信息的数据库设计，实现链上安全认证的溯源分析；用户可利用在线检测的功能来进行自动化安全检测，帮助系统的使用者实现安全的合约调用，节约开发成本，提高安全合约调用的便捷性。

通过采用这种创新且实用的解决方案，对每一个智能合约安全审计的参与者提供具有重要参考价值的安全导向，以减轻风险因素。众多项目也将通过合约认证公开上链，获得更多的用户支持与信赖。凭借其去中心化和分布式的特性，我们相信基于区块链的智能合约安全自动化漏洞检测及认证溯源服务系统成为不断发展的区块链生态系统中不可或缺的组成部分。

本章小结

本章基于前面章节区块链数据服务方法的理论阐述和架构分析，选择智慧医疗、旅游消费积分和智能合约安全漏洞检测及认证溯源这三个应用领域的数据服务，通过具体数据服务应用的开发案例分析和展示，理论与实践相结合，说明了区块链数据服务方法在解决大数据共享与交易方面的实用性和可行性。

主要参考文献

[1] KUMAR R, TRIPATHI R. Towards design and implementation of security and privacy framework for Internet of medical things by leveraging blockchain and IPFS technology[J]. The Journal of Supercomputing, 2021, 77(8): 7916-7955.

[2] WANG C, LI X J, WEN Y Y, et al. Consolidated billing management system for charging piles based on blockchain [J].

Journal of Chinese Computer Systems, 1-8.

[3] AHMAD R W, SALAH K, JAYARAMAN R, et al. The role of blockchain technology in telehealth and telemedicine [J]. International Journal of Medical Informatics, 2021, 148: 104399.

[4] MIYACHI K, MACKEY T K. hOCBS: A privacy preserving blockchain framework for healthcare data leveraging an on-chain and off-chain system design [J]. Information Processing and Management, 2021, 58(3): 102535.

[5] CHENG L J, QI Z H, SHI J C, et al. Blockchain based secure storage and sharing scheme for EHR data [J]. Journal of Nanjing University of Posts and Telecommunications (Natural Science Edition), 2020, 40(4): 96-102.

[6] 曾忠禄，王兴．大数据在旅游研究中的运用：国际文献研究[J]. 情报杂志，2020，39（10）：165-168.

[7] 贺剑武．基于大数据分析技术的旅游智慧平台设计[J]．现代电子技术，2020，43（14）：183-186.

[8] 周洪武，顾梦雨．交通+旅游大数据综合服务平台探析[J]．公路交通科技（应用技术版），2017，13（1）：180-182.

第 10 章　未来研究热点与技术挑战

本章主要内容

- 区块链数据服务平台的研究热点与挑战；
- 多技术融合联邦学习的研究热点与挑战；
- 智能合约安全漏洞自动化检测的研究热点与挑战。

“本立而道生”。大数据时代数据交易才有价值，区块链服务为数据交易而生。针对区块链服务支持的数据交易服务中隐私保护、运行时交易监管、数据可用不可见等问题，我们提出构建区块链服务支持的资源共享 BDaaS 即区块链数据服务方法来推动解决大数据共享与交易，提升数据服务的资源共享成熟度。大数据共享与交易的研究是一个长期、艰巨的课题，本章内容立足当前、面向未来，对进一步的研究热点和技术挑战进行讨论，以期为该领域的研究者提供研究方向和工作内容的参考。

10.1　区块链数据服务平台

“大数据时代已经到来”，服务计算进入无服务器架构的按需服务新时代。数据需要互联互通互操作，数据只有交易才有价值，资源共享的数据交易服务能力已经成为国家重大需求和数字经济主战场。大数据共享与交易服务即数据资源共享、交易研究是连接数据孤岛、促进数据流通以挖掘大数据的经济价值、释放数据应用潜力的关键。区块链服务是帮助用户创建、管理和维护区块链功能实现的云服务平台。区块链服务的数据交易能力和密码学保障的安全能力，构建具有高时效数据交易与数据安全的资源共享 BDaaS 即区块链数据服务平台就成为重要研究对象。

区块链数据服务 BDaaS，即数据服务由区块链服务平台完成的应用模式。区块链数据服务平台在经典区块链服务平台上拓展全流程数据服务，重点是数据交换、数据交易功能，使 BDaaS 具有数据共享与交易能力。

数据资源共享方式目前停留在成熟度下层，数据无法自由分享，数据蓝海价值无法体现。区块链为数据交易而生，但区块链上所有信息均向链上参与者公开，大量数据上链势必造成区块链存储和共识算法的巨大负担，缺乏从软件架构体制上设计来构建高时效数据交易方法。如何通过区块链服务破解数据隐私保护难题，进而支持数据资源在线高效率自动交易？如何完成数据交易服务的有效监管（溯源、存证、监控）？如何解决运行时数据交易服务实现的复杂度和时效性？正是区块链数据服务平台需要解决的。

区块链数据服务平台主要研究热点主要有以下方面：

（1）高可用性是未来区块链数据服务平台发展方向。高可用即高时效、可信和支持监管。可以从软件架构出发研究 BDaaS 中核心问题即运行时按需交易服务，机理上阐明在保护个人/公共数据隐私的前提下，如何有效共享数据和有序交易问题；在方法上匹配多中心协同方法，由此有效提高交易效率同时尊重数字资产隐私；可以通过使用运行时实时日志、事件驱动等方法实现实时数据交易行为监控，通过统计区块链数据服务平台运行实时数据进行性能分析与优化，同时结合智能合约随需而动以完成自适应数据交易服务。

（2）目前数据服务采用服务计算技术解决大数据的组织与表示、数据清洗与规约、数据集成与处理、数据分析与应用，但对资源共享数据服务的核心——按需交易服务及其相关问题的考虑和研究比较欠缺。业界和研究社区普遍关注于大数据服务数据集成与处理，研究的出发点是假定大数据资源自由交换，但现阶段大数据服务发展的实际情况并非如此，满足用户需要的数据服务资源常常无法得到或运行时无法通过交易得到。

（3）数据交易平台有责任和义务对用户数据进行安全存储和传输，在充分保护用户隐私的前提下合理使用数据资源，在开放流通和隐私保护之间找到合适的平衡点。在云计算中，为数据库作为服务模型提供安全性已成为一项具有挑战性的工作，因为对手可能试图访问敏感数据，好奇或恶意的管理员可能会捕获并泄露数据。为了实现隐私保护，在外包前应对敏感数据进行加密。隐私泄露已成为阻碍大数据交易服务发展的重要因素，委托数据的机密性、查询隐私保护和查询结果验证、数据完整验证中的隐私保护是数据服务中隐私保护的三大关键技术。

（4）同时由于大数据 Web 服务的动态性质和易出错的服务资源供应环境，各种服务资源供应例外情况可以在组合服务的执行过程中发生，隐私保护问题还没有有效解决，数据在线自动交易还未实现实用化，因此大数据服务平台必须要实现线上自动数据交易，数据资源之间才能够互联互通互交易。

（5）虽然现有个别数据服务必然采取利用密码学相关机制进行隐私保护，也会从法律制度、管理和技术等多方面有机结合，但业务需求的个体性，使得在线服务聚合时难以从已有的各自为政的数据孤岛服务资源中进行统一的隐私保护从而完成数据在线自动交易。

10.2　多技术融合联邦学习

数据是人工智能领域快速发展的重要因素，很大程度上决定了模型和算法的准确性。数据保护的约束使得数据被限制在不同企业和组织之间，形成了众多“数据孤岛”，难以发挥其蕴含的重要价值。为了打破“数据孤岛”并满足数据隐私和安全的规约，联邦学习有效地实现了“数据不出门，可用不可见”，使得数据能够被合规交易和共享。

联邦学习是一种分布式机器学习技术，其核心思想是通过在多个拥有本地数据的数据源之间进行分布式模型训练，在不需要交换本地个体或样本数据的前提下，仅通过交换模型参数或中间结果的方式，构建基于虚拟融合数据下的全局模型，从而实现数据隐私保护和数据共享计算的平衡，即“数据可用不可见”“数据不动模型动”的应用新范式。联邦学习对未来分布式人工智能等技术的发展和数据安全保护有着重要的推动作用，是实现大数据交易和共享的一种极为有效的技术手段。然而，奖励分配机制、恶意攻击和网络通信开销等问题对联邦学习的效率和安全有着重要的影响，联邦学习技术框架的设计成为学术界和工业界亟待解决的热点问题，其研究需求也应运而生。

10.2.1　联邦学习技术研究背景

2020 年 4 月，新华社正式刊发了中共中央、国务院《关于构建更加完善的要素市场化配置体制机制的意见》，明确表明数据是市场化配置的重要因素。2021 年 9 月，海南省政府大数据推进领导小组办公室印发《海南省公共数据产品开发利用暂行管理办法》，鼓励利用区块链、隐私计算等新技术在公共数据产品利用平台进行开发，实现数据的安全有序流动。一系列政策表明了国家对于数据共享、共用的态度以及数据安全保护的重要性，数据共享和隐私安全保护将成为了未来重要的发展方向。联邦学习的出现为合规数据交易和共享提供了可能，通过本地训练、模型共享的方式解决了“数据孤岛”和隐私保护“二选一”的难题，达到了在数据共用前提下最大限度避免数据泄露的效果。然而，联邦学习技术的应用过程中所伴随的众多问题使得数据共享效率和模型安全受到了制约。

目前对于联邦学习框架的研究还处于发展的初级阶段，面临着通信成本高、奖励分配机制不明确、节点训练过程作恶等问题。因此，结合区块链、同态加密、自适应优化调度算法和分布式数据存储等多种技术，探索一种多技术融合的联邦学习方法和结构体系能够极大地促进数据的可信、安全共享，维护各个参与方的利益，提高模型训练和数据交易过程的可靠性，带来更高的经济价值。

10.2.2　联邦学习技术研究现状

数据安全保护政策、法律法规的颁布和实施使得隐私计算成为了当下研究的热点，联邦学习作为隐私计算中的代表性方案也受到了广泛的关注，但对于其训练过程中利益分配机制、模型训练效率和安全性等方面的研究仍处于初期阶段。Hyesung Kim 等[1]针对传统联邦学习存在的激励机制不明确和依赖于单点服务器问题，创新性地将区块链技术引入到联邦学习过程中，以区块链网络代替中央节点，加入了相应的验证和奖励机制，并对加入区块链所带来的延迟问题和分叉现象进行了优化。虽然一定程度解决了现存的部分问题，但其基于挖矿的奖励分配策略和模型同步方案也极大地提高了训练成本。在此工作的基础上，为了更进一步优化奖励策略提高可靠性，Kentaroh Toyoda 等[2]提出了一种基于反复竞争思想的利益分配方案，并通过以太坊进行了实现。该机制以投票的方式来体现前轮各参与方对模型优化的贡献，同时参与者各自选择前轮较优的 K 个模型进行本地模型更新。该方案虽然使得利益的分配变得具体化，但增加了参与方的计算和通信成本。为了解决 Kentaroh Toyoda 等提出方案的通信成本问题，Xuan 等[3]提出了一种基于群体划分的策略，通过将所有参与者进行群体划分逐步进行模型聚合，但极大地提高了训练过程的复杂度。Li 等[4]为了解决这些问题，提出了一种具有委员会共识的联邦学习框架，通过动态的选举委员会成员作为模型的验证方和评价方，达到了 K 倍交叉验证的效果，同时也避免了全部节点都参与验证带来的通信开销。该方案为了故障验证和回退，将模型数据存储在区块链中，降低了链节点交易同步的效率，不利于实际的应用。为了提高联邦学习过程的效率，Lu 等[5]将许可链融入框架中，避免了依靠公链造成资源浪费的同时，利用差分隐私来进一步提高训练中数据的安全性，但未能考虑区块链在大型数据存储中的不适用性。

除此之外，对于联邦学习过程中的任务调度分配策略和后门攻击等问题也得到了越来越多的关注，并不断地进行优化，已经在车联网、移动终端、IoT 和边缘计算等多种场景中得到了实际应用。通过阅读大量的文献以及对理论的探索，目前国内外对于联邦学习框架的研究分析主要可划分为五大方向（图 10.1）：利益分配策略、通信效率、安全性、任务调度机制、去中心化。

研究方向	重要度	成熟度	代表工作
利益分配策略	●	◔	[4][5][11]
通信效率	◕	◑	[1][8][9]
安全性	◕	◑	[2][3][15][18][19]
任务高度机制	◕	◔	[6][17]
去中心化	◑	◕	[4][7][12][13][16]

图 10.1　联邦学习技术研究现状

目前对于联邦学习框架的研究处于初级阶段，所提出的较多方案存在利益分配策略不明确以及通信成本较高等问题，难以保证参与方间的公平性和数据交易的可靠性[6]。同时，对于后门攻击等恶意节点作恶行为的识别方案比较初级，不具备完善的异常行为处罚和监测能力。较多研究工作的框架设计缺乏对于存储成本的考虑，完全去中心化的服务理念易造成了极高的额外开支，不具备较高的可行性。

伴随众多法律法规的颁布和实施，未来对于数据的安全保护要求必将愈发严格，然而数据作为商业服务完善和发展的重要因素，需要有效的共享和交易。联邦学习作为解决数据孤岛和数据安全的重要手段，必将会在未来学术界的研究和工业界的应用中受到更多关注。

10.2.3　联邦学习所存在的问题

如图 10.2 所示，现阶段联邦学习技术在应用时所存在的欠缺包括以下几个方面。

（1）现有的联邦学习框架存在各方利益分配策略不明确，缺少有效的激励机制[7]。同时，利益分配依赖中心化的平台或任务需求的发布者，参与方无法检验分配结果的真实性，从而降低了参与方的积极性。

（2）现有的联邦学习框架存在节点扰乱模型训练过程以及后门攻击的风险，并难以监测和追责[8-13]。

（3）现有的联邦学习框架的主节点和工作节点间存在着较高的通信成本，造成训练时间长和带宽占用高等问题[14]。

（4）现有的相关文献中提出的改进方案较多与公链相结合来提高训练过程利益分配的可信性，但伴随着分叉和延迟等问题，同时公链中挖矿的出块策略易造成了严重的资源浪费[15]，并且不符合国家的规章制度。

（5）现有的部分文献中所提出的完全去中心化方案并不具备实际的可行性，极大提高了工作节点的运行压力，增加训练成本。同时由于各方数据的不统一，难以达成利益分配和模型一致性共识。

（6）现有的联邦学习框架缺少对于模型需求者（任务发布者）和工作者（数据提供者）数据内容关联性的分析，没有相关的调度和优化方案，很难提高实际的运行效率[16]。

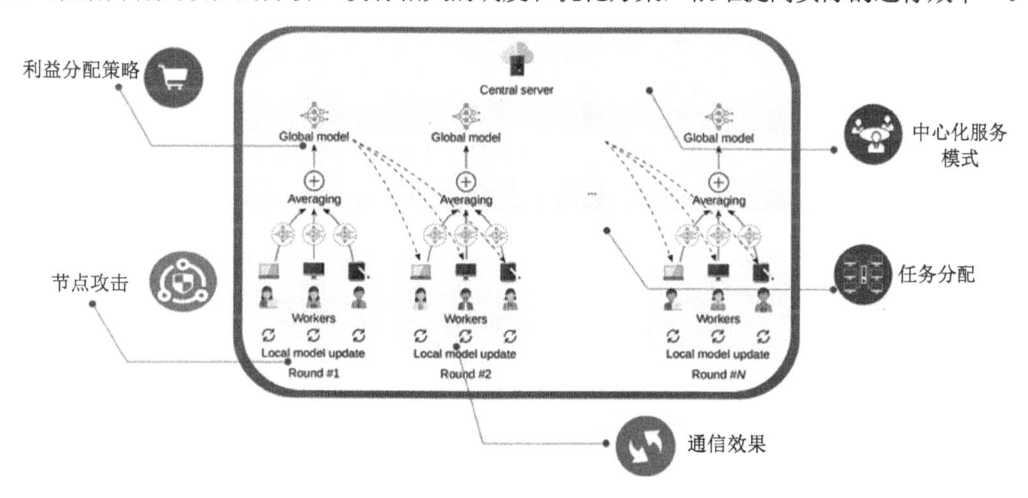

图 10.2　联邦学习所存在的问题分析

10.2.4　多技术融合联邦学习方法

采取“理论与实践并重”的技术路线，在理论与方法的研究过程中，切实剖析技术本身特性以及优缺点，加强创新性融合。随着理论研究的逐步深入，将联邦学习框架中所研究的问题具体细化，继而完成实现框架和服务过程机制分析，最终为构建数据交易驱动的多技术融合联邦学习服务提供支持。

图 10.3 为多技术融合联邦学习数据服务框架设计。仅仅依靠联邦学习技术来实现数据交易、共享服务是不够完备的，需要基于多种技术的融合。以联盟链技术作为服务的基础，能够利用区块链技术进行数据交易流程存证溯源和数据确权的同时，增强利益分配可靠性，实现数据的不可篡改，并通过结合星际文件系统将大文件存储由链上转为链下，提高数据存储效率[17]。

通过结合联邦学习技术达到数据不出本地，可用不可见，解决数据存在的可复制性问题，保证数据属主对于数据本身的控制权，并通过优化拓扑结构来提高联邦学习节点间通信效率[18-20]，从而降低数据交易服务所需要的整体时间周期。其次，基于可信执行环境等技术来实现对于底层密钥的托管，保证整个数据交易服务过程中的数据安全性。

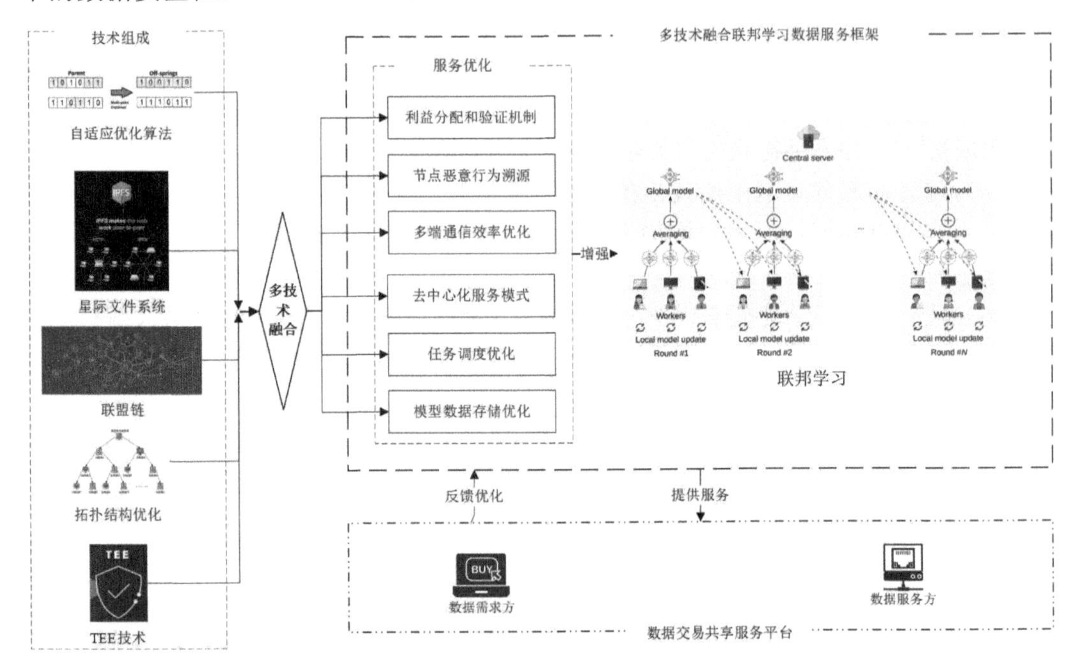

图 10.3　多技术融合联邦学习数据服务框架设计

同时，可信执行环境平台与联邦学习计算平台的结合也能够保证数据交易、共享过程中利益分配和贡献度量的公平性和合理性，以有效的激励机制来保证整体数据交易、共享服务的可持续发展，促进数据属主积极地参与到数据交易服务之中。围绕数据交易驱动的多技术融合联邦学习方法，具有 5 个优化点，即联邦学习过程中的利益分配策略、节点攻击溯源追责、通信效率优化、去中心化服务模式、自适应任务优化调度。

（1）利益分配策略的公平公正是促进数据交易可持续进行的重要基础和维护参与方利益的保障。结合开放联盟链技术，实现训练过程数据的存证和溯源，提高联邦学习过程中参与方利益分配的可靠性和真实性以及不可篡改性[21]。同时，引入同态加密技术，保证参与者对于利益分配结果的可验证性（图 10.4）。

（2）节点攻击溯源追责是保证联邦学习训练所得模型有效性的基石。基于区块链技术，通过智能合约设计将训练过程数据进行存证和溯源，从而有效地对模型训练过程中提供恶意信息（如后门攻击）的参与者进行追责[22]，减少节点扰乱学习过程和攻击的风险，提高作恶成本（图 10.5）。

（3）通信效率优化是提高联邦学习效率的根本。通过结合分布式数据存储技术，优化多方模型训练过程中的通信交互方案[23]，降低工作节点与任务发布者或中心节点的通信频率，减少带宽占用的同时提高数据交互的效率（图 10.6）。

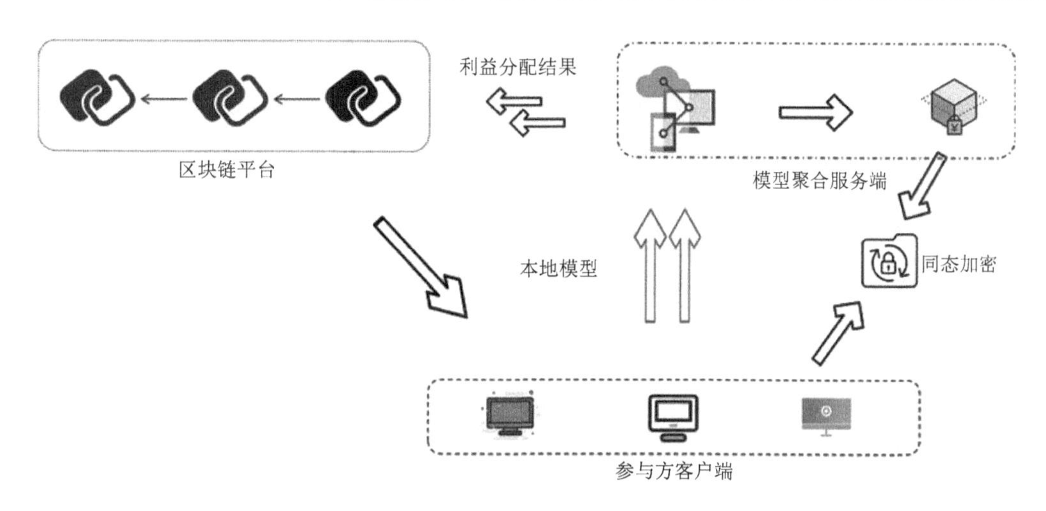

图 10.4　联邦学习利益分配方案

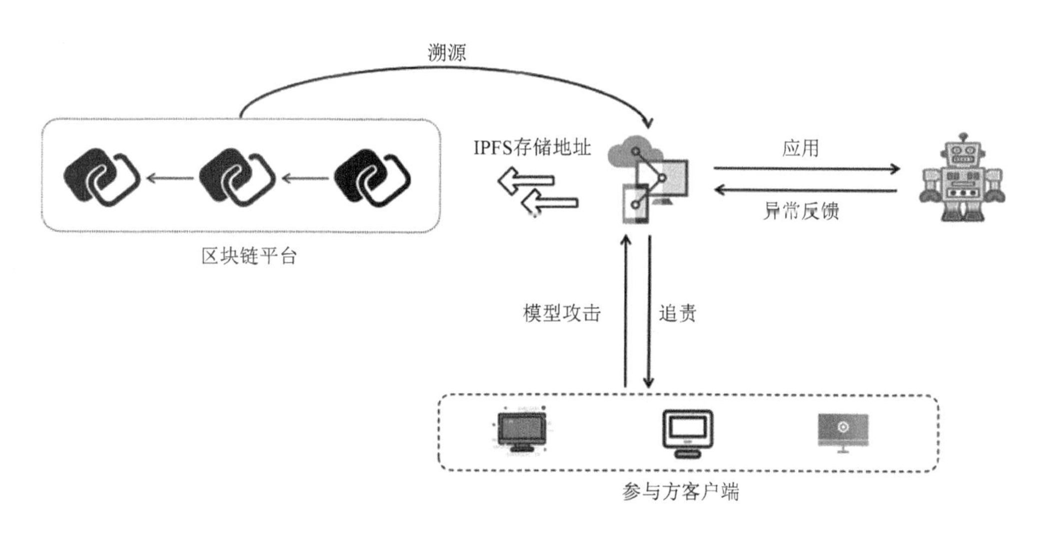

图 10.5　联邦学习节点攻击溯源追责方案

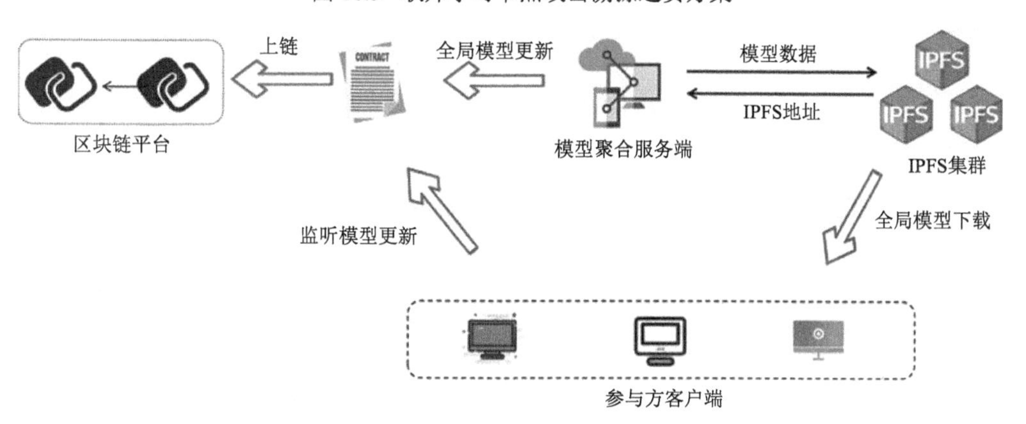

图 10.6　联邦学习通信效率优化方案

（4）去中心化服务模式是保证模型可信存储的有效方式。通过引入开放联盟链技术，设计智能合约程序实现过程数据存证和溯源。与公链和普通联盟链技术相对比，将极大地降低训练成本，避免引入区块链技术带来的额外开支。

（5）自适应任务优化调度是实现自动化数据交易和增强数据服务需求关联性的重要手段。通过多目标优化计算进行任务分配，提高任务发布者的需求与工作节点数据特点、负载情况、诚信指数以及效率的关联性，加快模型的训练效率并增强模型的有效性（图 10.7）。

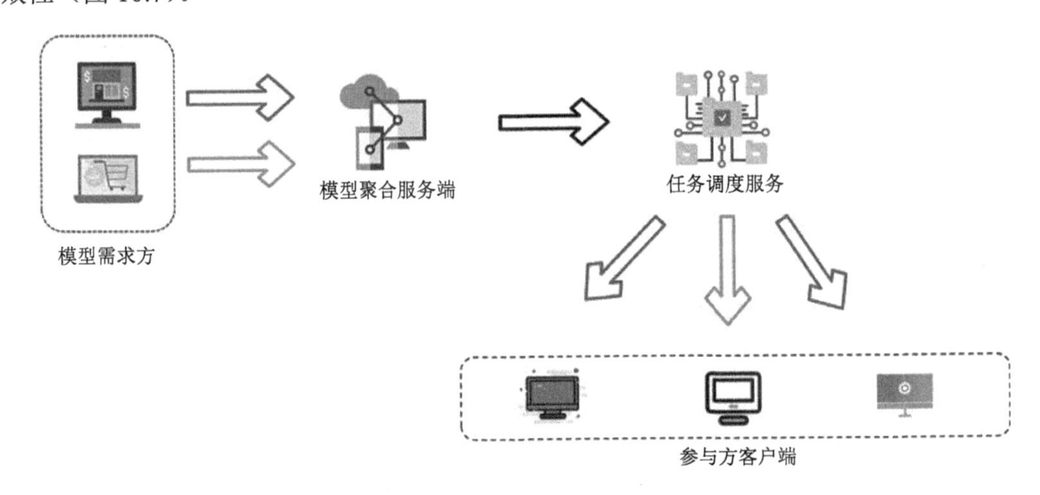

图 10.7　自适应模型训练任务调度

以数据交易作为出发点，将联邦学习框架的优化作为落脚点。对其服务过程的研究，一方面将继续着眼于如何设计高可信性、公平性和可验证性的数据交易利益分配策略，而另一方面则是结合现有的开放联盟链、星际文件系统、自适应优化调度和同态加密等技术进行创新设计数据交易服务流程，探索高可用即高时效性、安全性、低成本的工程架构[24]。联邦学习这一新兴技术还在不断地发展，相信这两方面的研究将有助于未来数据的高效交易和共享，由此建立“不求所有、但求所用、召之即来、挥之即去”的数据服务模式。

10.3　智能合约安全漏洞自动化检测

智能合约是区块链数据服务 BDaaS 平台的基本开发语言环境，因此智能合约安全研究对于 BDaaS 平台可靠运行至关重要。智能合约代码的安全性是智能合约安全的主要内容，同时也包括运行环境和区块链平台的安全性问题。合约代码的安全性问题种类众多，比如常规的整数溢出漏洞和合约特有的 gas 限制问题等，都是容易受到关注的问题。

智能合约运行环境的安全问题容易被忽视。例如，虚拟机的安全性等。EVM 这种开源且经过多次迭代的虚拟机相对安全，但是一些不开源的或者开源但不活跃的虚拟机，则需要更多地关注其安全性[25]。Docker 容器作为运行环境存在 Docker 程序-编排工具-镜像三方面的风险，其中 Docker 程序和编排工具如 K8S（kubernetes）属于比较活跃的开源项目相对安全；镜像安全需考虑的问题较多，如系统与运行库的安全性等，同时安全镜像在储存和传播过程中可能被不安全镜像替换也是一种安全漏洞[26]。

10.3.1 智能合约安全研究展望

区块链平台的安全问题会直接影响智能合约的安全性。例如，加密算法安全性不足导致的复用问题，共识算法结果不一致产生的重放攻击等[27]。这些问题在区块链平台开发的过程中应当被考虑。作为区块链平台上管理数字资产的重要组成部分，智能合约的安全性必将受到越来越多的关注。智能合约安全作为未来的研究热点，主要可以分为两个大类：一是提升当前主流合约开发、部署、运行方式的安全性；二是设计全新的更加安全的合约开发、部署、运行架构[28]。

第一，提升主流智能合约方案的安全性。以太坊是最大的智能合约运行平台，Solidity 是最为主流的智能合约编写语言[29]。未来，对于 Solidity 编写智能合约的安全性研究仍有很多挑战尚未解决，包括如何提高智能合约漏洞挖掘的有效性、设计更加广泛的智能合约漏洞检测模型，以及如何更好地保护现有的智能合约程序免遭攻击[30]。这些方向的安全研究工作都将助力推动以太坊智能合约开发者构建出更加安全的智能合约。

第二，设计全新的智能合约方案。以太坊作为最早出现的智能合约平台，随着越来越多的智能合约漏洞发掘，其在设计之初留下的很多弊端开始显现。由于区块链平台的共识机制，大规模升级全网客户端节点中的智能合约字节码、虚拟机设计方案是一件非常困难的事情[31]。一部分新兴的区块链平台在设计智能合约语言时，充分考虑了以太坊智能合约的弱点，设计更加安全、面向资产管理的智能合约语言模型，其中最为典型的例子就是 Libra 区块链平台上的 Move 智能合约语言。

Move 语言是一个智能合约的中间语言，其面向资产而设计，提出了“资源优先”的概念，并引入了全新的数字资产变量[32]。与普通变量不同的是，数字资产变量所表示的是资产，如真实世界中的资产，不能随意复制或者凭空消失，只能被安全地转移。此外，Move 还通过静态类型绑定、强制类型检查、不支持无限循环递归等方式，提供更加安全使用的面向智能合约的中间语言。之所以将这些特性设计在中间语言上，是因为 Libra 还计划推出面向不同领域的高级语言，帮助不同领域的开发者开发更加简洁、安全的智能合约，通过将这些不同的高级语言编译成统一的中间语言 Move，提供统一的安全性保障。Libra 的做法代表着智能合约安全研究的另一种趋势，即放下对现有平台的安全修补，提供一种天然适用于数字资产、更加安全的全新智能合约方案。

未来，对于智能合约安全的研究工作在这两方面均会有所展开。现有方案的研究工作虽然能够解决眼下最为急迫的安全问题，也可以在不断的软件升级中逐渐提高现有方案的安全性，但是其最基本的以太坊设计机制很难改变，这也让安全性的提升必须考虑到兼容性，因此带来很多性能上的损失。智能合约并不是一个完全成熟的技术，其自身也在不断进步之中。吸收现有方案中的问题、设计全新的面向数字资产管理的智能合约在安全性和可靠性上将会有更多的优势，也是未来安全研究的一大方向。这两种安全研究的方向将会共同发展，助力于构建出更加安全的智能合约技术。

10.3.2 基于深度学习的智能合约漏洞检测

近年来，深度学习在程序安全领域已经有越来越多的成功实践，取得了令人鼓舞的效果。深度学习技术的进步促进了各种安全检测方法的诞生，对于新颖的安全漏洞类型，深度学习方法具有良好的扩展性和适应性。目前，基于深度学习的智能合约漏洞检测方法有以下 5 种[33]。

1. SaferSC

SaferSC 是第一个基于深度学习的智能合约漏洞检测模型，其基于 Maian 划分的 3 类合约漏洞，实现了比 Maian 更高的检测准确率。此外，SaferSC 在智能合约操作码（operation code，简称 opcode）层面进行分析，利用长短期记忆网络（long-short term memory，LSTM）构建了以太坊操作码序列模型，实现了精准的智能合约漏洞检测。

2. ReChecker

ReChecker 是第一个基于深度学习的智能合约可重入漏洞检测方法，其通过将智能合约 Solidity 源代码转换为合约块（contract snippet）的形式，捕获了合约中基本的语义信息和控制流依赖信息。ReChecker 利用双向长短期记忆模型（bidirectional long short-term memory，简称 BLSTM）和注意力机制（attention）实现了以太坊智能合约可重入漏洞的自动化检测。

3. DR-GCN

DR-GCN 是第一个利用合约图（contract graph）的方式来检测智能合约漏洞，其将智能合约源代码转换为具有高语义表示的合约图结构，并利用图卷积神经网络构建了安全漏洞检测模型。DR-GCN 支持 2 个平台（即以太坊和维特链）的智能合约漏洞分析，能够检测可重入漏洞、时间戳依赖漏洞及死循环漏洞。

4. TMP

TMP 通过将智能合约中的关键函数和关键变量转换成具有高语义信息的核心节点来构建合约图，关键的执行方式转换成控制流和数据流依赖的有向时序边。TMP 在 DR-GCN 的基础上考虑了合约图中边的时序信息，并利用时序图神经网络实现了相应的智能合约漏洞检测。TMP 首先将源代码转换为图，然后对合约图做归一化处理，最终通过时序图神经网络模型输出漏洞检测结果。

5. ContractWard

ContractWard 从智能合约操作码中提取 bigram 特征，利用多种机器学习算法和采样算法进行智能合约漏洞检测，其总共支持 6 种漏洞类型，其中包括可重入漏洞、整数溢出漏洞以及时间戳依赖漏洞。

10.3.3　智能合约漏洞检测技术局限性分析与挑战

1. 局限性分析

当前的智能合约漏洞检测方法能基本满足智能合约漏洞的检测需求，但仍然存在局限性。本节分别对前述的 5 类漏洞检测方法进行了具体的分析与讨论。

（1）形式化验证法通过一些数学手段在智能合约生命周期内对其进行推导与证明，但这需要交互式的验证与判断且依赖人工二次核验，因此自动化程度较低，导致其无法较好地兼容 EVM 执行层漏洞。

由于形式化验证手段依赖于严谨的数学推导与验证，无法执行动态分析，缺少对合约中可执行路径的检测与判断，从而导致较高的误报率和漏报率。例如，F * framework 和 KEVM 将智能化合约字节码转化为形式化模型，以验证合约代码中的各种属性检测漏洞，它们仍然是半自动的；ZEUS 和 VaaS 较好地实现了全自动形式化验证，但它们检测出来的漏洞不一定存在可达的执行路径，误报率较高。

（2）符号执行法利用符号替代具体值的程序执行、搜集路径约束、遍历合约程序中所有可执行路径，这一方法虽然有效地改善了符号执行的检测效果，但也显著地增加了漏洞分析过程中的计算资源和时间开销，无法彻底解决状态空间爆炸与执行路径指数级增长等问题。例如，Oyente 和 Maian 为了防止路径爆炸问题，限制循环条件的次数来提高效率，但也导致了较高的漏报率。另外，需要指出的是，很多符号执行法其实并不能做到完全自动化，同样需要人工协助与反馈。

（3）模糊测试法很大程度上依赖于精心设计的测试用例，其在动态执行过程中监测合约的异常行为以发现漏洞。然而，模糊测试对导致漏洞的具体语义代码洞察有限，这使得其很难追踪到存在漏洞的确切代码位置。例如，ContractFuzzer 虽然有效地降低了误报率，但由于其测试用例生成的随机性，无法达到理想的路径覆盖率，很难找出所有的潜在威胁。

（4）中间表示法通过将原始的智能合约转换为相应的中间表示，利用控制流、数据流和污点分析等手段对合约进行审查，但它们往往依赖于预定义的语义规则或分析列表，无法检测出智能合约复杂的业务逻辑问题且极易产生误报。另外，无法对合约中可能存在的执行路径进行遍历。例如，Slither 的中间表示 SlithIR 依赖于固定的语义规则且缺乏形式化语义，这限制其执行更详细的安全分析，无法准确检测相应的漏洞；Smartcheck 依赖于刻板且简单的预定义规则。

（5）深度学习法通常对智能合约进行预处理以构建有利于模型学习的数据集。例如，利用 LSTM 模型处理智能合约源码序列片段，通过图神经网络（graph neural networks，GNN）模型处理智能合约图。这些方法无法改善智能合约源码中的关键变量而造成语义建模不足等现状，并且缺少对 EVM 执行层漏洞的考虑。另一方面，由于神经网络的“黑箱性”，其大多数情况可解释性较差，不能像传统的检测工具给出可能存在漏洞的确切位置或代码行。例如，TMP 是一个端到端的漏洞检测模型，以合约测试集为输入，输出相应的漏洞检测结果，它的中间处理流程是黑盒的，其可解释性差且检测结果难以令人信服。

2. 面临挑战及建议

针对现有的智能合约漏洞检测方法的问题、智能合约分析中各自技术特点及挑战提出几点建议。

（1）提高形式化验证自动化程度，扩展应用范围。现有的形式化验证技术的研究工作大多数自动化程度不高，且检测出来的漏洞不一定程序路径可达。形式化验证方法用数学推演来分析可能存在复杂漏洞的合约，虽然有效地维护了智能合约安全，但其难度很高。另外，使用形式化验证技术对更广泛的智能合约漏洞进行检测仍然面临着严峻挑战。未来的研究应针对不同的漏洞检测目标定制对应的验证规范描述，突破其不适应大规模合约及多漏洞类型等技术限制，扩展形式化验证的应用范围，从验证一般功能属性和安全属性、检测常见漏洞到逐步实现商业场景中复杂业务逻辑的智能合约漏洞分析与验证。

（2）提取符号执行重点路径，缩减路径空间。符号执行当前面临的最主要挑战就是状态空间爆炸和执行路径指数级增长的问题。未来可行的方法是结合现有的符号执行工具的审计经验以及漏洞分析，寻找智能合约中易产生漏洞的高危指令，如自毁（suicide）、调用（call）、委托调用（delegatecall）、最初发起者（origin）、断言（assert）些操作码的路径为重点路径。为了提高漏洞检测效率，在具体的实践中不必对所有可能的执行路径进行检查，仅符号执行关注的重点路径并进行漏洞验证，从而有效地缩减路径空间。

（3）完善测试用例，改进模糊测试工具。相较于传统应用程序，智能合约存在很多独特的变量和函数，这给面向智能合约的模糊测试带来了全新的挑战。首先，由于智能合约全局状态与调用序列的特性，导致生成有效的测试用例变得极为困难[34]。面向传统程序的模糊测试方案生成测试用例仅考虑单测试用例，不适用于智能合约。其次，智能合约基于虚拟机运行，其漏洞的形成原因与传统程序有较大的不同。智能合约的漏洞差别较大，它们既不会造成程序崩溃，也没有很多共同的特征用于漏洞检测，这些漏洞的产生根源可能来自于区块链、虚拟机和高级语言等不同的层面，且彼此之间也有较多的差异，这也为智能合约的漏洞检测带来了很大挑战。具体而言，模糊测试依赖于其测试用例的健壮性，因此需要进一步改进现有的测试用例生成算法。例如，使用多目标优化算法。另外，模糊测试也可以考虑结合其他检测方法来提高检测效率，采用静态分析、符号执行、模糊测试相结合的策略。例如，使用静态分析提取关键路径，通过符号执行生成测试用例，从而提高模糊测试的效率。

（4）优化中间表现形式，结合动态执行。中间表示法通常将智能合约源码或字节码转换为其他中间表示形式来检测漏洞。依赖于专家定义的漏洞规则，但这些规则往往比较刻板简单，且容易被攻击者绕过。因此，为了提高这类漏洞检测方法的拓展性及适应性，研究者们应当专注于让智能合约的中间表现形式具备更好的通用性，在检测多种类型漏洞的同时兼顾不同智能合约的统一表示形式。另外，静态分析与动态执行相结合是能够提高漏洞检测准确率的有效方法，当前基于中间表示的检测方法大多是静态分析，缺乏使用动态执行进行验证。这既是中间表示法目前面临的关键挑战，也是未来研究攻关的主要方向。

（5）加强深度学习可解释性，融合专家规则。现有的基于深度学习的智能合约漏洞检测方法大多是黑盒的，通过训练漏洞检测模型来给出最终的漏洞检测结果。由于深度学习模型的“黑箱性”，其内部的具体工作状态和处理过程是不透明，因此缺乏对漏洞检测结果的合理解释（如标注可能存在漏洞的确切代码位置或代码行），使得检测结果无法令人信服。深度学习模型应该考虑在输出漏洞检测结果的同时，进一步给出其合理的可解释性说明。另外，传统检测工具中定义的专家规则也是分析合约漏洞的利器，未来的深度学习模型应当考虑融合传统检测方法中漏洞相关的专家规则，从而更好地提高漏洞检测的准确率。

10.3.4　智能合约漏洞检测技术未来的研究热点

在 7.4 节智能合约漏洞检测技术部分提到：目前智能合约漏洞检测方法主要包括形式化验证、符号执行、模糊测试、中间表示和深度学习。近几年随着深度学习技术的发展，研究人员开始利用深度学习模型进行智能合约漏洞的检测，并且取得了不错的进展。本节将深度学习与前 4 种智能合约漏洞检测技术相结合，探讨未来的智能合约漏洞检测研究方向。我们主要归纳为以下 5 个智能合约漏洞检测技术未来的研究热点。

（1）构建统一且规范的智能合约漏洞数据集。首先，基于深度学习的智能合约漏洞检测方法能够取得突破性的进展依赖于统一且全面的智能合约漏洞数据集。目前数据集缺乏、不规范，已有的深度学习方法（如 ReChecker TMP）只能支持少数的合约漏洞检测。因此，基于统一规范的、涵盖漏洞类型全的漏洞数据集，才能让深度学习模型发挥更好的效应，更好地推动该领域的研究。

（2）构建基于深度学习的动静态分析综合模型。现阶段基于深度学习的智能合约安全漏洞检测工具刚刚起步（如 SaferSC ReChecker TMP），在静态的源代码或字节码层面进行分析。然而，这种静态的分析方法会遗漏可能存在漏洞的执行路径，同时由于缺少与外部合约动态的交互过程，导致出现漏报或误报的情况。为了应对大规模应用场景的需求，在构建深度学习模型的时候要充分考虑结合动态执行和静态分析等。

（3）构建统一且可扩展的深度学习模型。随着智能合约数量的爆炸式增长，安全漏洞类型也越来越复杂且无法预料。基于深度学习的智能合约漏洞检测方法仍然在已发掘的漏洞模型构建阶段，其是否能够快速适应新的漏洞类型还亟待研究。应充分利用开源生态中丰富的智能合约安全漏洞构建统一且可扩展的深度学习漏洞检测模型，以应对层出不穷的智能合约漏洞。

（4）构建基于深度学习的可解释性漏洞检测模型。虽然基于深度学习的智能合约漏洞检测模型有效地提高了检测的准确率，但仍然存在可解释性差的关键问题，并且缺乏融合专家定义的经典漏洞规则。为了使深度学习模型的检测结果更有说服力，深度学习法一方面要进一步融合经典的专家规则，另一方面要准确地给出漏洞检测的可解释性说明。

（5）构建统一的漏洞检测工具性能评估体系。根据已经出现的智能合约安全事件以及相关的合约漏洞审计经验，综合考虑漏洞检测的漏报率、误报率、检测时间、可检测漏洞类型等因素，构建统一的漏洞检测工具性能评价体系，对已有的相关工具进行对比分析，以验证其有效性，为新的智能合约漏洞检测工具的研发和改进提供参考与指导。

本章小结

大数据共享与交易的研究仍然是一个需要付出艰巨努力的研究领域。本章在前述章节内容基础上，立足当前研究进展，从该领域的研究问题出发，直面痛点、难点，提出研究热点和未来的技术挑战，为从事大数据共享与交易的研究者提供进一步研究的思路。

区块链数据服务平台在经典区块链服务平台上拓展全流程数据服务，重点是数据交换、数据交易功能。区块链数据服务平台主要研究热点主要是高可用性、运行时按需交易服务、数据服务隐私保护方法、异常处理、自动交易服务等。

联邦学习对未来人工智能等技术的发展和数据安全保护有着重要的推动作用，是实现大数据交易和共享的一种极为有效的技术手段。联邦学习技术框架的设计成为学术界和工业界亟待解决的热点问题，其研究需求也应运而生。针对联邦学习在大数据共享与交易领域存在的问题，我们提出采用多技术融合联邦学习方法，并围绕数据交易驱动的多技术融合联邦学习方法，分为 5 个优化点，即联邦学习过程中的利益分配策略、节点攻击溯源追责、通信效率优化、去中心化服务模式、自适应任务优化调度。

区块链数据服务方法解决大数据共享与交易，服务方法实现必然建立在智能合约上。智能合约安全的焦点在于智能合约代码的安全性，同时也包括运行环境和区块链平台的安全性问题。智能合约的安全性必将受到越来越多的关注。智能合约安全作为未来的研究热点，主要可以分为两个大类：一是提升当前主流合约开发、部署、运行方式的安全性；二是设计全新的更加安全的合约开发、部署、运行架构。

主要参考文献

[1] KIM H, PARK J, BENNIS M, et al. Blockchained on-device federated learning[J]. IEEE Communications Letters, 2019, 24(6): 1279-1283.

[2] TOYODA K, ZHANG A N. Mechanism design for an incentive-aware blockchain-enabled federated learning platform[C]// 2019 IEEE International Conference on Big Data (Big Data). Los Angeles: IEEE, 2019: 395-403.

[3] XUAN S, JIN M, LI X, et al. DAM-SE: A blockchain-based optimized solution for the counterattacks in the internet of federated learning systems[J]. Security and Communication Networks, 2021, 2021: Article ID 9965157.

[4] LI Y, CHEN C, LIU N, et al. A blockchain-based decentralized federated learning framework with committee consensus[J]. IEEE Network, 2020, 35(1): 234-241.

[5] LU Y, HUANG X, DAI Y, et al. Blockchain and federated learning for privacy-preserved data sharing in industrial IoT[J]. IEEE Transactions on Industrial Informatics, 2019, 16(6): 4177-4186.

[6] KANG J, XIONG Z, LI X, et al. Optimizing task assignment for reliable blockchain-empowered federated edge learning[J]. IEEE Transactions on Vehicular Technology, 2021, 70(2): 1910-1923.

[7] MA C, LI J, DING M, et al. When federated learning meets blockchain: A new distributed learning paradigm[J]. IEEE Computational Intelligence Magazine, 2022, 17(3): 26-33.

[8] FENG L, YANG Z, GUO S, et al. Two-layered blockchain architecture for federated learning over mobile edge network[J]. IEEE Network, 2022, 36(1): 45-51.

[9] YUAN S, CAO B, SUN Y, et al. Secure and efficient federated learning through layering and sharding blockchain[EB/OL]. (2021-04-27)[2022-11-26]. https://arxiv.org/abs/2104.13130.

[10] LI X, WANG Z, LEUNG V C M, et al. Blockchain-empowered data-driven networks: a survey and outlook[J]. ACM Computing Surveys (CSUR), 2021, 54(3): 1-38.

[11] WITT L, ZAFAR U, SHEN K Y, et al. Reward-based 1-bit compressed federated distillation on blockchain[EB/OL]. (2021-06-27)[2022-11-26]. https://arxiv.org/abs/2106.14265.

[12] ZHANG C, GUO Y, DU H, et al. PFcrowd: Privacy-preserving and federated crowdsourcing framework by using blockchain[C]// 2020 IEEE/ACM 28th International Symposium on Quality of Service (IWQoS). Hangzhou: IEEE, 2020: 1-10.

[13] POKHREL S R, CHOI J. Federated learning with blockchain for autonomous vehicles: Analysis and design challenges[J]. IEEE Transactions on Communications, 2020, 68(8): 4734-4746.

[14] NGUYEN D C, DING M, PHAM Q V, et al. Federated learning meets blockchain in edge computing: Opportunities and challenges[J]. IEEE Internet of Things Journal, 2021, 8(16): 12806-12825.

[15] LI Z, YU H, ZHOU T, et al. Byzantine resistant secure blockchained federated learning at the edge[J]. IEEE Network, 2021, 35(4): 295-301.

[16] CHAI H, LENG S, CHEN Y, et al. A hierarchical blockchain-enabled federated learning algorithm for knowledge sharing in internet of vehicles[J]. IEEE Transactions on Intelligent Transportation Systems, 2020, 22(7): 3975-3986

[17] GUO Y, XIE H, MIAO Y, et al. FedCrowd: A federated and privacy-preserving crowdsourcing platform on blockchain[J]. IEEE Transactions on Services Computing, 2022, 15(4): 2060-2073.

[18] OTOUM S, AL RIDHAWI I, MOUFTAH H T. Blockchain-supported federated learning for trustworthy vehicular networks[C]// GLOBECOM 2020-2020 IEEE Global Communications Conference. Virtual: IEEE, 2020: 1-6.

[19] DESAI H B, OZDAYI M S, KANTARCIOGLU M. Blockfla: Accountable federated learning via hybrid blockchain architecture[C]// Proceedings of the Eleventh ACM Conference on Data and Application Security and Privacy. Virtual: ACM , 2021: 101-112.

[20] LU Y L, HUANG X H, ZHANG K, et al. Blockchain and federated learning for 5G beyond[J]. IEEE Network, 2021, 35(1): 219-225.

[21] LU Y, HUANG X, ZHANG K, et al. Communication-efficient federated learning and permissioned blockchain for digital twin edge networks[J]. IEEE Internet of Things Journal, 2020, 8(4):2276-2288.

[22] MOTHUKURI V, PARIZI R M, POURIYEH S, et al. A survey on security and privacy of federated learning[J]. Future Generation Computer Systems, 2021, 115: 619-640.

[23] LI Y, TAO X, ZHANG X, et al. Privacy-preserved federated learning for autonomous driving[J]. IEEE Transactions on Intelligent Transportation Systems, 2022, 23(7): 8423-8434.

[24] WEI Y, ZHOU S, LENG S, et al. Federated learning empowered end-edge-cloud cooperation for 5G hetnet security[J]. IEEE Network, 2021, 35(2): 88-94.

[25] 魏昂，黄忠义，周鸣爱. 智能合约安全与实施规范研究[J]. 网络空间安全，2020，11（3）：44-49.

[26] 胡甜媛，李泽成，李必信，等. 智能合约的合约安全和隐私安全研究综述[J]. 计算机学报，2021，44（12）：2485-2514.

[27] 倪远东，张超，殷婷婷. 智能合约安全漏洞研究综述[J]. 信息安全学报，2020，5（3）：78-99.

[28] MENG B, LIU J B, LIU Q, et al. Survey of smart contract security[J]. Chinese Journal of Network and Information Security, 2020, 6(3): 1-13.

[29] 韩璇，袁勇，王飞跃. 区块链安全问题：研究现状与展望[J]. 自动化学报，2019，45（1）：206-225.

[30] 郑忠斌，王朝栋，蔡佳浩. 智能合约的安全研究现状与检测方法分析综述[J]. 信息安全与通信保密，2020（7）：93-105.

[31] 欧阳丽炜，王帅，袁勇，等. 智能合约：架构及进展[J]. 自动化学报，2019，45（3）：445-457.

[32] 徐蜜雪，苑超，王永娟，等. 拟态区块链：区块链安全解决方案[J]. 软件学报，2019，30（6）：1681-1691.

[33] HWANG S J, CHOI S H, SHIN J, et al. Codenet: code-targeted convolutional neural network architecture for smart contract vulnerability detection[J]. IEEE Access, 2022, 10:32595-32607.

[34] 张雄，李舟军. 模糊测试技术研究综述[J]. 计算机科学，2016，43（5）：1-8，26.